向大廚學習 製作義式經典料理

50招關鍵技巧×50道專業級料理　讓您循序漸進 精進廚藝

梅蘭妮・馬丹

Mélanie Martin

ITALIENS

CLASSIQUES ITALIENS

- Premiers Pas -

5O Techniques ———————— 5O Recettes

BASIQUES / INCONTOURNABLES / ÉPATER

序言

熬煮茄汁紅醬、用烤箱烘烤蔬菜、捏製麵疙瘩或烹煮燉飯、擀製新鮮麵皮、片切薄肉片、製作提拉米蘇、烤製手工比薩……

這本書將給你義大利皮埃蒙特區至普伊區、西西里島至托斯卡尼各地料理的入門之鑰!

義大利是文藝復興的搖籃,是地中海四方影響力的交會處,它蘊藏了無數的寶藏,是美食家眼中的天堂。美食藝術,在此地發揮至淋漓盡致。

充滿陽光風情、遵循原味、香氣四溢,是眾所公認欣賞的義式料理特色,而義式料理在世界美食界也扮演著主要角色!一道不起眼的麵食料理,在長靴島國令人難以置信的物產品質加持下,都能成為一道奢華的佳餚。

趕快來料理這些道地且簡易的菜色,讓dolce vita(甜蜜生活)登上你家餐桌。先上香烤蔬菜義式土司這道開胃前菜,讓賓客驚訝到目不轉睛吧;再

來一小份的瑞可塔乳酪臘腸千層麵或培根蘑菇燉飯當作第一道主菜；緊接著來點兒有魚有肉的料理當作第二道主菜吧，例如大名鼎鼎的檸香小牛排或黑橄欖餡沙丁魚；最後最後，當然不容錯過美味的甜點：咖啡提拉米蘇、檸檬粗粒冰砂或橄欖油風味草莓奶酪……

我為你獻上這50道料理，任君品嘗。這些圖文並茂的食譜，讓你可以循序漸進、按部就班、輕輕鬆鬆完成美食料理。

閉上眼睛，想像著眼前的馳騁大道吧：從北義到南義、走過杜林、米蘭、威尼斯、佛羅倫斯、羅馬、拿波里，甚至躍跳到巴勒摩城。來吧，上車！我帶你去義大利！跟著義大利人高喊著：Buon appetito！好好享受烹飪的樂趣！

梅拉妮‧馬丹

如何使用此書

相片目錄

① 每一章節以相片目錄開啟序幕，清楚列出料理名稱與關鍵技巧。料理以相片呈現，指引你做出菜色選擇。

雙頁食譜頁面

② – 你所需要的必要資訊：備料時間、烹煮時間、料理難度與食材費用。
　 – 料理名稱與成品相片
　 – 完成該道料理的同時，你將會學習到的關鍵技巧。

③ –為了完成該道料理，並且熟練該項關鍵技巧，你所必須準備的食材與廚具。

④ – 成功要訣。主廚的私房訣竅或「小撇步」，讓你絕不失誤。
　 – 另類風味料理：會運用到同一關鍵技巧的其他料理。

雙頁步驟頁面

⑤ – 重申料理名稱與關鍵技巧

⑥ – 料理中的每個重要步驟均以相片呈現，並用文字詳細解說，讓你能夠完成所有必要的動作。

相片目錄

雙頁食譜頁面

56 |

4人份

備料時間：30分鐘 | 烹煮時間：20分鐘 | 作法簡單 | 食材費用經濟實惠

2

酥炸櫛瓜花

關鍵技巧：櫛瓜花的前置作業與酥炸櫛瓜花

3

所需食材　　　　　　　　必備廚具

關鍵技巧

櫛瓜花 280 公克　　　　　廚用布
麵粉 175 公克　　　　　　打蛋器
水 270 c.c.　　　　　　　油炸鍋或大平底湯鍋
酥炸油 500 c.c.　　　　　廚用紙巾
鹽

整道料理

櫛瓜　　　　　　　　　　水果刨刀
橄欖油 3 湯匙
巴薩米克酒醋 1 湯匙
鹽之花、現磨胡椒粉

須知事項
春天與初夏時節，是烹煮這道料理的最佳時機，因
為這正是菜園裡櫛瓜開花的季節。

4

另類料理點子
莫札瑞拉乳酪餡酥炸櫛瓜花。

雙頁步驟頁面

5

58 | 酥炸櫛瓜花 · 關鍵技巧：櫛瓜花的前置作業與酥炸櫛瓜花

櫛瓜花的前置作業，以流水小心清洗櫛瓜花，用廚用紙巾
輕拍拭乾水分。

將櫛瓜花與櫛瓜底部分離，摘除內部雌蕊。

將櫛瓜花放入酥炸麵糊中裹上麵糊，再放進炙熱酥炸油中
油炸，每次油炸 2 朵，放至廚用紙巾上瀝乾油脂，再撒鹽。

6

2　　　　　　　　　　　　　　**3**
　　　　　　　　　　　　　　　　4

製作油炸麵糊，將麵粉倒入盆中，除鹽加水，用打蛋器攪
拌，避免結塊，加鹽。

用水果刨刀將櫛瓜刨成薄片。

把橄欖油與巴薩米克酒醋倒入小碗中拌勻，將油醋汁與櫛
瓜薄片拌勻，佐以櫛瓜薄片，品嚐酥炸櫛瓜花。

Sommaire

(**III**) 令人驚豔的料理　Les recettes pour ÉPATER

開工前的準備器材

必備器具

> 必備器具

> 磅秤

> 手持式電動打蛋器

> 玻璃廣口瓶數個

> 各種不同大小的碗

> 剪刀

> 鑄鐵鍋或厚底燉鍋

> 刀子：削皮刀、水果刀、切肉刀（剁刀）、主廚刀（片肉刀）

> 用以攪拌的木匙

> 保鮮膜

> 打蛋器

> 壓麵機

> 手持式攪拌棒

> 各種不同尺寸的派模（包含單人份小烤模）

> 手搖式蔬果切磨器（*moulin à légume*）

> 鋁箔紙

> 烘焙紙

> 濾網與細目篩網

> 小型研磨機

> 料理刷

> 砧板

> 烘焙用淺烤盤

> 不同尺寸的深烤盤

> 平底煎鍋數個

> 榨汁器

> 刨絲器

> 攪拌機

> 擀麵棍

> 不同大小的沙拉攪拌盆（用以拌勻醬汁、醃肉、漬魚或拌和食材）。

> 軟鏟（刮刀），用以刮取盆底的食材，減少食材耗損。

> 量杯

> 柑橘磨皮器

讓你更加得心應手的工具

> 不同尺寸與形狀的壓模器
> 專業用多功能蔬果切磨器（*mandoline*）
> 義式餃子模
> 擠花袋
> 奶油槍

櫥櫃裡的必備品

> 大蒜
> 整顆完整的杏仁
> 茄子
> 羅勒
> 高湯塊
> 可可粉
> 酸豆（*câpres*）
> 紅蘿蔔
> 西洋芹梗
> 菇類食材
> 麵包粉
> 檸檬
> 鹽漬檸檬
> 濃縮蕃茄泥
> 櫛瓜
> 鮮奶油
> 紅蔥頭

> 麵粉
> 鹽之花
> 酸奶酪（*fromage frais*）
> 橄欖油與酥炸油
> 牛奶
> 麵包用酵母粉
> 檸檬甜酒（*limoncello*）
> 馬斯卡朋乳酪
> 黃芥末醬
> 莫札瑞拉乳酪
> 肉豆蔻仁
> 蛋
> 洋蔥
> 橄欖
> 奧勒岡草
> 帕馬森乳酪

> 佩克里諾乳酪（*pecorino*）
> 豌豆
> 義大利玉米粉
> 胡椒
> 瑞可塔乳酪
> 燉飯用圓米（亞伯希歐米 *arborio*）
> 迷迭香
> 斯卡摩薩乳酪（*scarmoza* 煙燻莫札瑞拉乳酪）
> 杜蘭小麥沙粒粉
> 鹽
> 百里香
> 番茄
> 紅葡萄酒與白葡萄酒
> 白葡萄酒醋、巴薩米克酒醋與雪莉酒醋

Ⅰ 基礎料理 Les recettes BASIQUES

4人份

備料時間： 30分鐘 ▌ 烹煮時間：5小時 ▌ 靜置時間：30分鐘 ▌ 作法簡單 ▌ 食材費用經濟實惠

托斯卡尼麵包丁沙拉

關鍵技巧：調製黑橄欖風味油

●

所需食材　　　　　　　　　　必備廚具

黑橄欖風味油

去籽黑橄欖 200 公克　　　　　　　　主廚刀
橄欖油 300 c.c.　　　　　　　　　　烘培紙
　　　　　　　　　　　　　　　　　小型研磨機

整道料理

隔夜鄉村麵包 350 公克　　　　　　　沙拉攪拌盆
橄欖油 3 湯匙　　　　　　　　　　　水果刀
雪利酒醋 1 湯匙　　　　　　　　　　料理用剪刀
紫皮洋蔥 1 顆
牛蕃茄 5 顆
大黃瓜 1 根
羅勒半把
鹽之花、現磨胡椒粉

須知事項

將黑橄欖風味油裝在玻璃瓶中保存，可用3週。

另類料理點子

綠橄欖風味油托斯卡尼麵包丁沙拉
（用綠橄欖取代黑橄欖）。
檸香油蕃茄沙拉。

製作風味油。以 50℃（電子烤箱刻度 1-2）預熱烤箱。用
冷水沖洗黑橄欖，用主廚刀粗切橄欖。

將橄欖碎塊放至已鋪好烘焙紙的烤盤上，烘烤 5 小時。

1

2

出爐後，靜置完全降溫。把橄欖油與黑橄欖乾放入小型研
磨機中，磨成極細緻的油品。備用

製作沙拉。將麵包切成小塊，放入大沙拉攪拌盆裡，淋上橄欖油與雪莉酒醋。以鹽之花與胡椒粉調味。備用。

剝除紫皮洋蔥皮，將洋蔥切成薄片。洗淨番茄、切除果蒂，再切成瓣狀。洗淨大黃瓜，切成小丁。洗淨羅勒，拭乾水分後，摘取葉片。

3 **4**

5

把所有食材放進裝著麵包的沙拉攪拌盆中拌勻，再淋上黑橄欖風味油，放入冰箱冷藏 30 分鐘。充分拌勻後，冰涼享用。

4人份

備料時間： 20分鐘 ┃ 烹煮時間：5分鐘 ┃ 作法簡單 ┃ 食材費用經濟實惠

香蒜麵包與布哈塔乳酪

重遊卡布里島沙拉

關鍵技巧：製作香蒜麵包

●

所需食材 　　　　　　　　　　　 必備廚具

香蒜麵包

| 蒜瓣 2 瓣 | 水果刀 |
| 鄉村麵包 4 片 | 烤麵包機 |

整道料理

蕃茄 6 顆	水果刀
羅勒 1/4 把	絞肉（餡）機
奧勒岡草 1/4 把	碗
新鮮百里香 3 小株	烘培紙
布哈塔水牛乳酪（burrata）1 球	
橄欖油 5 匙	
鹽之花、現磨胡椒粉	

你知道嗎？

原產自普伊區（Pouilles）的布哈塔水牛乳酪，是
莫札瑞拉乳酪的一種，不過，布哈塔乳酪擁有一顆
讓風味更上層樓的鮮奶油夾心喔！

另類料理點子

莫札瑞拉乳酪與番茄普切塔沙拉。
托斯卡尼香蒜麵包丁沙拉。

烤番茄。啟動烤箱上烤架模式。洗淨番茄，切除果蒂，再依番茄大小切成 4 瓣或 6 瓣，摘取羅勒葉，加以粗切。摘取奧勒岡葉。

將番茄、3 湯匙橄欖油、半量羅勒葉、半量奧勒岡葉、半量百里香一起放入碗中拌勻。剩餘香草保留備用。

把香草風味番茄放至已鋪好烘焙紙的烤盤上，放入烤箱，以上烤架模式烘烤 5 分鐘，番茄需烤至金黃。

烤麵包。剝除蒜皮，剖切蒜仁，必要時去除蒜芽。烤鄉村
麵包片，用蒜仁摩擦塗抹麵包片。

把布哈達乳酪切成 4 塊，每個餐盤裡放上一片烤麵包，擺
上烤番茄、1 塊布哈達乳酪，再淋上橄欖油，撒上香草，
加點鹽巴與胡椒粉，馬上品嘗。

4人份

備料時間： 30分鐘 ┃ 烹煮時間：37-40分鐘 ┃ 作法簡單 ┃ 食材費用經濟實惠

羅勒風味茄汁紅醬

大空心麵

關鍵技巧： 製作羅勒風味茄汁紅醬

●

所需食材　　　　　　必備廚具

醬汁

橢圓形番茄 1 公斤　　　　　　　　平底湯鍋
（亦可用罐頭番茄泥塊 800 公克取代）　　水果刀
紅蘿蔔 2 根　　　　　　　　手搖式蔬果切磨器
西洋芹梗 1 支
洋蔥 1 顆
羅勒 1 把
蒜瓣 1 瓣
橄欖油 3 湯匙
細砂糖 2 至 3 茶匙（可有可無）
鹽巴、胡椒粉

整道料理

義大利大空心乾麵條（buccatini）400 公克　　平底湯鍋
粗鹽（每公升水需粗鹽 10 公克）　　　　篩網

須知事項

用橄欖油淹沒醬汁表層，放入冰箱冷藏，可保數日鮮度，把醬汁裝入已殺菌的密封玻璃罐中，可保存數月。

另類料理點子

羅勒風味茄汁紅醬鯖魚排。
羅勒風味茄汁紅醬牛肉丸子。

燙除番茄皮。將番茄浸入滾水 10 秒鐘（不要超時），取出後，泡入冰水 2 分鐘，以中斷燙煮作用。

先用刀尖切除果蒂，再剝除番茄皮。

製作羅勒風味茄汁紅醬。把番茄切成四瓣，切取軟質果肉，用湯匙刮取番茄籽，把果肉切成小丁。

洗淨紅蘿蔔與西洋芹梗，刨除兩者外皮，切成小塊。剝除洋蔥皮，細切洋蔥。摘取羅勒葉。

將橄欖油倒入平底湯鍋，以中火拌炒蔬菜丁與連皮蒜瓣。再加入蕃茄、羅勒葉、鹽與胡椒粉。假如番茄偏酸，可加點糖。

伴炒 25 分鐘後，倒入手搖式蔬果切磨器中加以研磨。

5 6

7

煮麵。煮滾大量鹽水，水一滾開，隨即放入麵條，依照包裝上所指示的時間進行烹煮。瀝乾麵條水分後，將麵條與番茄醬汁拌匀。馬上品嘗。

4人份

備料時間：40分鐘 ▍ 烹煮時間：30分鐘 ▍ 作法簡單 ▍ 食材費用經濟實惠

青醬風味米蘭蔬菜湯

關鍵技巧：製作青醬

●

所需食材　　　　　　　　　必備廚具

青醬

羅勒 1 把	乳酪刨絲器
蒜瓣 1 瓣	小型研磨機
帕瑪森乳酪 50 克（塊狀）	
松子 30 公克	
橄欖油 60 公克	
鹽巴、現磨胡椒粉	

整道料理

洋蔥 1 顆	水果刀
西洋芹梗 2 根	蔬果刨刀
櫻桃番茄 12 顆	鑄鐵鍋
馬鈴薯 2 顆	
紅蘿蔔 2 根	
櫛瓜 2 根	
橄欖油 2 湯匙	
迷迭香 1 小株	
義大利波浪麵（mafaldine）100 公克	
新鮮或冷凍豌豆仁 250 公克	

須知事項

• 你可依照「古法」用缽杵來磨製青醬，而不使用小型研磨機，但是，用缽杵得磨很久，而且挺累人的。

• 煮麵時間需依照你所選擇的麵條種類而有所調整（3至6分鐘不等）。

另類料理點子

羅勒青醬莫札瑞拉乳酪番茄千層麵。
羅勒青醬義大利麵。

烹煮蔬菜湯。剝除洋蔥皮，細切洋蔥。將西洋芹梗切成圓薄片。對半剖切櫻桃番茄或切成四瓣。

刨除馬鈴薯與紅蘿蔔外皮，洗淨馬鈴薯與紅蘿蔔。將紅蘿蔔、馬鈴薯與櫛瓜切成小丁：先縱向切出 0.5 公分厚的薄片，再將薄片切成長棒，最後把蔬菜棒切成 0.5 公分的小方塊。

1 2

3 4

加熱鑄鐵鍋中的橄欖油，用以炒香洋蔥、芹菜、紅蘿蔔與一大撮鹽，翻炒 5 分鐘後，再放入馬鈴薯丁與櫛瓜丁，以中火續炒 5 分鐘。

加入迷迭香、倒入 1.5 公升水煮滾，將火候轉小，續煮 20 分鐘。

製作青醬。摘取羅勒葉（約 30 片）。剝除蒜皮，必要時去芽。將帕瑪森乳酪刨成絲。把所有食材放入小型研磨機中，以油淹沒，加以研磨。加鹽與胡椒粉。

5

6

蔬菜湯烹煮完成前 6 分鐘，將波浪麵條、豌豆仁與兩湯匙青醬放入鑄鐵鍋中一起熬煮。必要時加以調味。趁熱享用。

4人份

備料時間： 35分鐘 **|** 烹煮時間：30分鐘 **|**靜置時間： 15分鐘**|** 作法簡單 **|** 食材費用經濟實惠

香烤櫛瓜義式土司

關鍵技巧：用烤箱烘烤蔬菜

•

所需食材　　　　　　　　　必備廚具

香烤蔬菜

所需食材	必備廚具
紫皮洋蔥 1 顆	水果刀
黃櫛瓜 1` 根	專業用多功能蔬果切磨器或主廚刀
綠櫛瓜 1 根	烘培紙
橄欖油 100 c.c.	料理刷

整道料理

略變乾硬的鄉村麵包 12 片	烤麵包機
蒜瓣 3 瓣	
羅勒葉 24 片	
橄欖油	
鹽之花、現磨胡椒粉	

須知事項

你可用同樣的方法烘烤其他種類的蔬菜，例如甜椒或番茄。

另類料理點子

香烤蔬菜筆管麵。
玻璃罐裝醋漬烤蔬菜。

烘烤蔬菜。以 200 ℃（電子烤箱刻度 6-7）預熱烤箱。剝
除紫皮洋蔥皮，將洋蔥切成圓薄片。

用專業用蔬果切磨器或主廚刀縱切櫛瓜成 0.5 公分厚的薄
片。

把洋蔥圓片與櫛瓜片攤展在已鋪好烘焙紙的淺烤盤上，用
料理刷沾取橄欖油塗抹於蔬菜片上。

3

4

製作義式烤土司。用烤麵包機烘烤鄉村麵包片。剝除蒜皮、　　每片土司上頭擺些許洋蔥與櫛瓜片，用羅勒葉點綴，淋點
去芽，用蒜仁摩擦土司片，再淋上一縷橄欖油。　　　　　　橄欖油，撒鹽與胡椒粉，馬上享用。

4人份

備料時間： 20分鐘 ▎ 烹煮時間：10至15分鐘 ▎ 作法簡單 ▎ 食材費用經濟實惠

莎拉米臘腸與佩克里諾乳酪

烤綠蘆筍

關鍵技巧：綠蘆筍的前置作業與烘烤

●

所需食材	必備廚具

關鍵技巧

綠蘆筍 1 把	可進行烤箱烘焙的盤子 水果刀

整道料理

蒜瓣 1 瓣 橄欖油 4 湯匙 莎拉米臘腸（salami）100 公克 佩克里諾羊奶乳酪（pecorino）50 公克 橄欖油 5 湯匙 帕薩米克酒醋 2 湯匙 芝麻菜 150 公克 鹽之花、現磨胡椒粉	壓蒜泥器 水果刨刀 打蛋器

須知事項

5、6 月的菜市場上可買到綠蘆筍，這正是品嘗這
道美味佳餚的最佳時節！

另類料理點子

慕絲琳醬佐香烤蘆筍。
巴薩米克酒醋風味香烤蘆筍。

蘆筍的前置作業。以200℃（電子烤箱刻度6-7）預熱烤箱。
洗淨蘆筍，用水果刀切除根部較硬的部位（約3公分）。

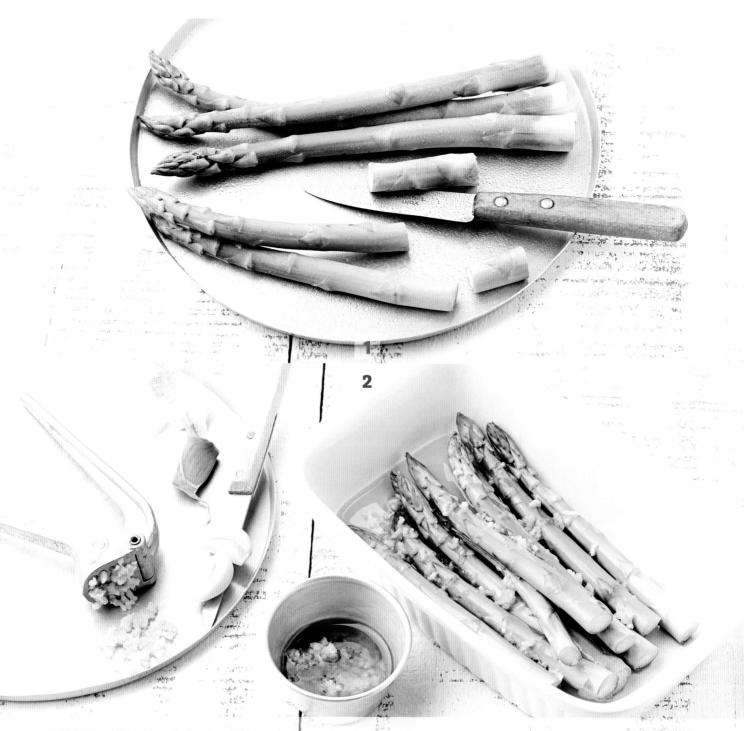

烘烤蘆筍。剝除蒜皮、去芽，用壓蒜泥器壓製蒜泥（或用水果刀將蒜仁切成細末）。將蒜泥與橄欖油拌勻。

把蘆筍放入可進烤箱烘烤的盤中，淋上蒜香橄欖油，烘烤10至15分鐘，讓蘆筍烤成金黃。

處理莎拉米臘腸與乳酪。把莎拉米臘腸切成小方塊。用水果刨刀將佩克里諾乳酪刨成薄片。

3

4

收尾工作。用打蛋器拌打小碗中的橄欖油與帕薩米克酒醋，讓兩者均勻乳化，加鹽與鹽巴。

每個餐盤上放些許芝麻菜、幾根烤蘆筍與沙莎拉米臘腸丁。撒上佩克里諾乳酪薄片，淋上一縷酒醋。馬上享用。

4人份

備料時間： 20分鐘 ❙ 烹煮時間：30分鐘 ❙ 靜置時間： 2小時15分鐘 ❙ 作法簡單 ❙ 食材費用經濟實惠

奧勒岡草風味油
漬甜椒

關鍵技巧：以油醃漬蔬菜

●

所需食材

必備廚具

醃漬醬

蒜瓣 4 瓣	水果刀
奧勒岡草半把	深盤
橄欖油 150 c.c.	保鮮膜
鹽之花、現磨胡椒粉	

整道料理

紅甜椒 2 顆	烘培紙
黃甜椒 2 顆	保鮮膜

須知事項

將油漬甜椒放至密封廣口玻璃瓶中，可保存好幾天。

另類料理點子

油漬蔬菜串燒。
松子油漬蔬菜沙拉。

烘烤甜椒。以 200 ℃ （電子烤箱刻度 6-7）預熱烤箱。把整顆甜椒放至已鋪好烘焙紙的淺烤盤上，烘烤 30 分鐘，每 10 分鐘將甜椒翻面，整顆甜椒需受到均勻烘烤，表皮需鼓起小泡泡。

出爐後，把甜椒置於沙拉攪拌盆裡，立刻封上保鮮膜，靜置 15 分鐘降溫後，剝除甜椒外皮，剖切、去籽。

製作醃漬醬。剝除蒜皮，必要時去芽。用水果刀將蒜仁切成薄片。摘取奧勒岡草葉片。把所有食材放入深盤中，連同橄欖油一起拌勻，加鹽與胡椒粉。

3

4

把甜椒切成長條狀，放入深盤裡，與醬汁充分拌勻，讓所有的甜椒均裹上香味油，覆蓋保鮮膜，置於室溫下醃漬2小時。

4人份

備料時間： 25分鐘 ┃ 烹煮時間：35分鐘 ┃ 作法簡單 ┃ 食材費用經濟實惠

西西里風味什錦燉菜

關鍵技巧：製作紫茄什錦燉菜

●

所需食材   ## 必備廚具

什錦燉菜

所需食材	必備廚具
茄子 3 顆（800 公克）	水果刀
西洋芹梗 3 根	油炸鍋或大平底湯鍋
櫻桃番茄 100 公克	廚用紙巾
蒜瓣 2 瓣	平底煎鍋
去籽綠橄欖 4 湯匙	
酥炸用橄欖油	
酸豆（câpres）1 湯匙	
葡萄乾 1 湯匙	
松子 2 湯匙	
鹽、現磨胡椒粉	

整道料理

所需食材	必備廚具
糖 2 湯匙滿匙	碗
紅酒醋 2 湯匙	
羅勒 1/4 把	

私房小秘訣

你可搭配麵包一起品嘗這道西西里風味什錦燉菜。
先烤麵包，在麵包片上淋點兒橄欖油，把些許燉菜
擺在麵包片上。

另類料理點子

西西里風味什錦燉菜普切塔。

什錦燉菜的前製作業。將茄子切成 2 公分小丁，西芹梗也切成小丁。把櫻桃番茄切成四瓣，剝除蒜皮，以刀面壓扁蒜仁。

瀝乾橄欖水分，切成小圓片狀，以冷水沖洗酸豆。

用大量橄欖油酥炸茄丁數次，置於廚用紙巾上吸除油脂，撒鹽調味。

取平底煎鍋，用1湯匙橄欖油炒香西洋芹與蒜仁，再放入橄欖、酸豆、葡萄乾、松子與番茄，以文火烹煮10分鐘。

3

4

製作糖醋醬。把糖與醋放在小碗中拌勻，糖完全溶解後，再倒入平底煎鍋中，放入酥炸茄丁，續煮10分鐘。

摘取羅勒葉，什錦燉菜快起鍋前，再放入羅勒葉。置於室溫下降溫後，即可享用。

4人份

備料時間：30分鐘 | 烹煮時間：11分鐘 | 作法簡單 | 食材費用經濟實惠

初春蔬菜沙拉

關鍵技巧：將紫皮朝鮮薊滾切成橄欖球狀

●

所需食材　　　　　　　　必備廚具

關鍵技巧

| 紫皮朝鮮薊 4 顆 | 水果刀 |
| 黃檸檬 2 顆 | |

整道料理

豌豆仁 200 公克（新鮮或冷凍皆可）	平底湯鍋數個
（未剝皮的冷凍）蠶豆 150 公克	打蛋器
（野生）綠蘆筍 12 根	
蒜苗 3 根	
薄荷 1/4 把	
橄欖油 5 湯匙	
鹽之花、現磨胡椒粉	

須知事項

把朝鮮薊浸入檸檬水中，可避免氧化變黑。同樣
地，將豌豆仁泡入冰水中，可保漂亮的鮮綠色。

另類料理點子

檸香油醋紫皮朝鮮薊沙拉。
蒜芹風味紫皮朝鮮薊。

將朝鮮薊滾切成橄欖球狀。折斷朝鮮薊梗，剝除硬葉片，只留下軟質的朝鮮薊心，切除尖端 1/3 部分。

縱向剖切薄片，馬上將朝鮮薊薄片浸入已添加一顆量黃檸檬汁的冰水中。

烹煮其他蔬菜。把豌豆仁放入沸騰的大量鹽水中滾煮 5 分鐘。瀝乾水分後，將豌豆仁浸入冰水中降溫。

以同樣方法處理蠶豆，剝除蠶豆皮。放置備用。

洗淨蘆筍，切除根部硬實的粗纖維部位，再把蘆筍切成圓段狀，保留完整筍尖。煮滾一大湯鍋鹽水，把蘆筍浸入滾水中 4 至 6 分鐘（刀尖可輕鬆插入蘆筍，即代表熟度已夠）。

把瀝乾水分的蘆筍放入冰水中，以中斷烹煮作用。

3

4

製作油醋醬。洗淨蒜苗，切成薄片。摘取薄荷葉，細切葉片。用小打蛋器將橄欖油、另一顆黃檸檬汁、一大撮鹽之花以及現磨兩圈的胡椒粉拌打均勻。

拌勻所有食材，以檸香油醋醬調味。冷食。

4人份

備料時間：25分鐘 | 烹煮時間：25分鐘 | 作法簡單 | 食材費用經濟實惠

斯卡摩薩煙燻乳酪與芝麻菜青醬
櫛瓜烘蛋

關鍵技巧：用烤箱烤製烘蛋

●

所需食材	必備廚具

關鍵技巧

櫛瓜 1 顆	水果刀
全蛋 6 大顆	平底煎鍋
全脂鮮奶 150 c.c.	沙拉攪拌盆
櫻桃番茄 12 顆	打蛋器
橄欖油 3 湯匙	直徑 20 公分的蛋糕圓模（或焗烤盤）
斯卡摩薩煙燻乳酪（scarmoza）80 公克	

青醬

芝麻菜 100 公克	乳酪刨絲器
蒜瓣 1 瓣	小型研磨機
松子 30 公克	
帕瑪森乳酪 50 克	
橄欖油 60 公克	
鹽、現磨胡椒粉	

成功要訣

監控烘蛋的烘烤狀況，假如表面烤成金黃的速度過快，則用鋁箔紙蓋住蛋糕模。

另類料理點子

西班牙辣味香腸甜椒烘蛋。
薄荷風味櫛瓜烘蛋。

香煎櫛瓜。洗淨櫛瓜，切除兩端，再切成圓薄片。用炙熱的平底煎鍋，以 2 湯匙橄欖油香煎櫛瓜薄片 5 分鐘。　　放至廚用紙巾上瀝乾油份。

製作青醬（參見第 24 頁作法，以芝麻菜取代羅勒葉）。把斯卡摩薩煙燻乳酪切成小方塊，將蕃茄切成圓片。放置備用。

烘蛋的前製作業。把蛋打入沙拉攪拌盆裡，倒入鮮奶，用打蛋器或叉子攪拌，加入 2 湯匙青醬，必要時加以調味。

3

4

製作烘蛋。以 200 ℃預熱烤箱（電子烤箱刻度 6-7），將蛋汁倒入蛋糕模中，擺上蕃茄圓片、櫛瓜圓片與斯卡摩薩煙燻乳酪丁。

送入烤箱烘烤 20 分鐘。出爐後，溫度降至溫熱再品嘗。

4人份

備料時間：30分鐘 ┃ 烹煮時間：1小時10分 ┃ 作法簡單 ┃ 食材費用經濟實惠

波隆奈司風味
焗烤大貝殼麵

關鍵技巧：**製作波隆奈司醬**

●

所需食材　　　　　　　　必備廚具

波隆奈司醬

紅蘿蔔 1 根	蔬果刨刀
洋蔥 1 顆	水果刀
西洋芹梗 1 根	平底煎鍋
橄欖油 3 湯匙	
牛絞肉 400 公克	
紅酒 100 c.c.	
蔬菜高湯 400 c.c.	
羅勒葉 2 片	
濃縮蕃茄泥 3 湯匙	
鹽、現磨胡椒粉	

整道料理

大貝殼麵（Conchigliones）40 公克	平底湯鍋
粗鹽（每公升水需粗鹽 10 公克）	篩網
現刨帕瑪森乳酪絲 150 公克	焗烤盤
奶油 30 公克	

私房小秘訣

一次製作雙倍份量的波隆奈司醬，一半冷凍起來，
下次晚餐就不用手忙腳亂了！

另類料理點子

波隆奈司風味義式肉捲。
波隆奈司風味小牛肉薄片。

製作波隆奈司醬。刨除蔬菜外皮，將蔬菜切成小丁。取平底煎鍋，以中火加熱橄欖油，翻炒蔬菜丁，放入絞肉後，增強火候，把絞肉炒至金黃。

倒入紅酒，熬煮至湯汁蒸發，再倒入蔬菜高湯、放入月桂葉與濃縮蕃茄泥，讓蕃茄泥與高湯充分融合，加鹽與胡椒粉，以文火熬煮 40 分鐘。

煮麵。用平底湯鍋煮滾一大鍋鹽水,把大貝殼麵放入滾水中,依照包裝上的指示時間烹煮。

瀝乾水分後,以冷水沖涼

3

4

烹煮焗烤麵。以 200 ℃預熱烤箱(電子烤箱刻度 6-7),把波隆奈司醬填入貝殼麵中,把麵放入焗烤盤。

撒上帕瑪森乳酪絲與奶油丁,放入烤箱烘烤 15 分鐘,產生焗烤表面。趁熱享用。

4人份

備料時間： 30分鐘 ▎ 烹煮時間：20分鐘 ▎ 作法簡單 ▎ 食材費用經濟實惠

酥炸櫛瓜花

關鍵技巧：櫛瓜花的前置作業與酥炸櫛瓜花

●

所需食材　　　　　　　　　　必備廚具

關鍵技巧

所需食材	必備廚具
櫛瓜花 280 公克	廚用布
麵粉 175 公克	打蛋器
水 270 c.c.	油炸鍋或大平底湯鍋
酥炸油 500 c.c.	廚用紙巾
鹽	

整道料理

櫛瓜	水果刨刀
橄欖油 3 湯匙	
巴薩米克酒醋 1 湯匙	
鹽之花、現磨胡椒粉	

須知事項

春天與初夏時節，是烹煮這道料理的最佳時祺，因為這正是菜園裡櫛瓜開花的季節。

另類料理點子

莫札瑞拉乳酪餡酥炸櫛瓜花。

櫛瓜花的前置作業。以流水小心清洗櫛瓜花，用廚用紙巾輕拍拭乾水分。

將櫛瓜花與櫛瓜底部分離，摘除內部雌蕊。

製作油炸麵糊。將麵粉倒入盆中，陸續加水，用打蛋器攪拌，避免結塊。加鹽。

將櫛瓜花放入酥炸麵糊中裹上麵糊，再放進炙熱酥炸油中油炸，每次油炸 2 朵。放至廚用紙巾上滴乾油脂，再撒鹽。

3

4

用水果刨刀將櫛瓜刨成薄片。

把橄欖油與巴薩米克酒醋倒入小碗中拌勻。將油醋汁與櫛瓜薄片拌勻，佐以櫛瓜薄片，品嘗酥炸櫛瓜花。

4人份

備料時間：35分鐘 ┃ 烹煮時間：1小時 ┃ 靜置時間：30分鐘 ┃ 作法簡單 ┃ 食材費用經濟實惠

檸香酸豆風味
章魚沙拉

關鍵技巧：章魚的前置作業與烹煮

●

所需食材	必備廚具

關鍵技巧

重約 800 公克的章魚 1 隻	水果刀
橄欖油 150 c.c.	平底湯鍋
丁香粒 2 至 3 顆	
刺柏子果（baie de genière）5 至 6 顆	
黑胡椒粒 1 茶匙	
月桂葉 2 片	
百里香 2 小株	

整道料理

西洋芹梗 3 根	水果刀
紫皮洋蔥 1 顆	沙拉攪拌盆
檸檬 2 顆	水果榨汁器
橄欖油 5 湯匙	篩網
酸豆 4 湯匙	打蛋器

成功要訣

可先請魚販掏空章魚內臟，以節省處理時間。

另類料理點子

蒜芹風味章魚沙拉。
亞瑪堤希醬章魚料理。

章魚的前置作業。水洗章魚數次。掏除章魚頭內臟，丟棄硬嘴及囊袋，切斷觸手，將章魚肉切成塊狀。

2

烹煮章魚。把章魚段塊、橄欖油、丁香粒、刺柏子果、胡椒粒、月桂葉與百里香，放入湯鍋中，以水淹沒，煮滾後，將火候轉小，燉煮 1 小時。

關火後，讓章魚塊泡在湯汁中降溫。

製作沙拉。洗淨西洋芹梗，切成薄片。剝除紫皮洋蔥皮，切成洋蔥薄片。榨取檸檬汁，過濾後倒入沙拉盆中，再倒入橄欖油，用小打蛋器攪拌均勻。

3

4

把西洋芹片、洋蔥片、酸豆以及已降溫的章魚塊放入沙拉盆中，置於冰箱冷藏 30 分鐘，冰涼享用。

4人份

備料時間：40分鐘 ┃ （可麗餅麵糊）靜置時間：：2小時 ┃ 烹煮時間：35分鐘 ┃ 作法簡單 ┃ 食材費用經濟實惠

莫塔黛爾火腿與瑞可塔乳酪

肉捲餅（捲餅）

關鍵技巧：製作義式肉捲餅

●

所需食材

必備廚具

肉捲餅內餡

莫塔黛爾火腿薄片（mortadelle）120 公克	小型研磨機
瑞可塔乳酪（ricotta）250 公克	直徑 20 公分的蛋糕圓模
橄欖油 2 湯匙	
現磨帕達諾乳酪粉（grana padano）2 湯匙	
奶油 40 公克	
鹽、現磨胡椒粉	

可麗餅麵糊

麵粉 120 公克	沙拉攪拌盆
全蛋 2 顆	打蛋器
全脂鮮奶 250 c.c.	平底煎鍋
橄欖油 1 湯匙	湯杓
鹽	抹刀
奶油 50 公克	

成功要訣

佐以美味的芝麻菜沙拉，品嘗捲餅。

另類料理點子

瑞可塔乳酪菠菜肉捲餅。
茄汁紅醬焗烤肉捲餅。

製作可麗餅麵糊。將麵粉倒入沙拉盆中，打入蛋，用打蛋器從中心處開始攪拌。

1

2

再加入牛奶，不停攪拌，避免結塊。倒入油與一大撮鹽，再次攪拌成光滑麵糊。靜置麵糊 2 小時以上。

用一塊吸滿軟奶油的布，略微塗抹平底煎鍋鍋底，用以煎製可麗餅皮。充分熱鍋後，加入 1 湯杓麵糊，然後將火轉小，煎製 2 分鐘後，再用抹刀翻面，續煎另一面。

取 4 片莫塔黛爾火腿薄片放置一。將其餘的莫塔黛爾火腿薄片與瑞可塔乳酪、橄欖油與帕達諾乳酪粉一起放入研磨機磨細。

3

4

製作肉捲餅。以 200 ℃（電子烤箱刻度 6-7）預熱烤箱。在每塊餅皮上頭擺放半片莫塔黛爾火腿與長條內餡，將餅捲起，切成兩段。

將蛋糕烤模抹上奶油，放入肉捲餅，撒上剩餘的奶油，烘烤 10 至 15 分鐘。趁熱享用。

4人份

備料時間：30分鐘 ▍ 烹煮時間：1小時 ▍ 靜置時間：1小時 ▍ 作法簡單 ▍ 食材費用經濟實惠

酸櫻桃一口酥

關鍵技巧：將甜酥麵皮裝入烤模與封粘麵皮

●

所需食材　　　　　　　　　　必備廚具

關鍵技巧

黃檸檬 1 顆	水果刀
麵粉 150 公克	刨絲器
小蘇打粉 1 小撮	沙拉攪拌盆
香草粉 1 小撮	保鮮膜
細砂糖 70 公克	擀麵棍
無鹽奶油 50 公克	8 公分與 10 公分的壓模器（或碗）
蛋 1 顆 + 蛋黃 1 顆	馬芬烤模
鐵罐裝或玻璃罐裝酸櫻桃 300 公克	料理刷

須知事項

「Bocconotti一口酥」可譯成法文「petites
bouchées」（小酥餅）。原是南義特產，但現在幾
乎在長靴島國各地的糕餅店，都可看到具當地特色
的一口酥。

另類料理點子

巧克力杏仁風味一口酥。
卡士達奶油風味一口酥。

製作麵團。切取檸檬皮，刨成細絲。將麵粉、小蘇打粉、檸檬細絲、糖與香草粉拌勻，加入奶油小丁。

用指尖小心拌和成類似沙粒的細粉。

1

2

在沙粒粉堆中挖個小井，打入 1 顆已略微打散的全蛋，迅速揉麵，揉成一顆麵團，用保鮮膜包裹，冷藏 1 小時。

製作圓餅。冷藏後，在工作台面上撒上麵粉，把麵團擀成 3 公釐厚的麵皮，切取 4 片直徑 10 公分的圓麵皮與 4 片直徑 8 公分的圓麵皮。

以 180℃（電子烤箱刻度 6）預熱烤箱，將馬芬烤模抹上奶油，把較大的麵皮擺入烤模，讓麵皮緊貼模壁。

3

4

將已滴乾汁液的酸櫻桃裝填入烤模中，用小塊麵皮加以覆蓋，邊緣需緊密封粘，用料理刷沾取蛋黃汁，刷塗在圓餅面上。

烘烤 25 至 30 分鐘，溫熱品嘗或冷食。

4人份

備料時間：15分鐘 **┃** 烹煮時間：2分鐘 **┃** 靜置時間：3小時 **┃** 作法簡單 **┃** 食材費用經濟實惠

橄欖油草莓
香草奶酪

關鍵技巧：**烹煮鮮奶油**

●

所需食材　　　　　　　必備廚具

鮮奶油

吉利丁片 5 片	水果刀
香草莢 1 根	平底湯鍋
液態鮮奶油 400 公克	打蛋器
鮮奶 100 公克	單人份烤模數個或玻璃杯數個
糖 65 公克	

整道料理

| 草莓 250 公克 | 水果刀 |
| 橄欖油 2 湯匙 | |

成功要訣

若要讓鮮奶油凝固，用打蛋器充分攪拌吉利丁與鮮奶油，是重要關鍵。

另類料理點子

檸檬奶酪
紅醋栗奶酪、覆盆子奶酪
西洋梨片奶酪、水蜜桃片奶酪

鮮奶油的前置作業與熬煮。將吉利丁片放入冷水碗中。縱
向剖切香草莢，用刀尖刮取莢內香草籽。

將鮮奶油、鮮奶、糖、香草莢與香草籽倒入平底湯鍋中，
煮至略滾。

一旦沸騰，立即將湯鍋離火，放入已擰乾水分的吉利丁片，
用打蛋器充分攪拌，把奶酪鮮奶油倒入小模中或是漂亮玻
璃杯裡，冷藏 3 小時。

3

4

以冷水迅速清洗草莓，瀝乾水分後切除果蒂，把草莓切成　　把草莓片擺在奶酪上，冰涼享用。
4 塊或片狀，用橄欖油提味。

POUR 6 PERSONNES

備料時間：40分鐘 ▎ 烹煮時間：25或30分鐘 ▎ 靜置時間：4小時 ▎ 作法簡單 ▎ 食材費用經濟實惠

糖漬櫻桃瑞可塔乳酪小派

關鍵技巧：製作瑞可塔乳酪風味鮮奶油

●

所需食材　　　　　　　　必備廚具

瑞可塔乳酪風味鮮奶油

所需食材	必備廚具
瑞可塔乳酪 250 公克	沙拉攪拌盆
杏香甜酒（amaretto）4 湯匙	打蛋器或手持式電動打蛋器
糖 3 湯匙	
打發用鮮奶油（crème fleurette）300 c.c.	
糖漬櫻桃（amarena）1 罐	

莎布蕾麵團

所需食材	必備廚具
中筋麵粉（T45）200 公克	沙拉攪拌盆
撒工作台面用麵粉 10 公克	保鮮膜
糖粉 90 公克	擀麵棍
杏仁粉 25 公克	小派模
冰冷奶油 100 公克	烘焙紙
鹽之花 1 小撮	
全蛋 1 顆	

另類料理點子
糖漬酸櫻桃瑞可塔乳酪小派
檸皮瑞可塔乳酪派

製作莎布蕾麵團。把麵粉、糖粉、鹽與杏仁粉放入沙拉盆或工作台面上，加以拌勻。再放入奶油小丁，用指尖輕輕拌成近似沙粒狀的細粉。

做個小井，打入一顆已略為打散的蛋，陸續將沙粉拌至蛋汁上，迅速揉麵成一顆麵團，用保鮮膜包裹，冷藏1小時。。

以180℃（電子烤箱刻度6）預熱烤箱。在工作台面上撒麵粉，將麵團擀成3公釐厚的麵皮，把麵皮放入小派模，用叉子在派皮上插孔。

鋪上1張烘焙紙，放入烘焙用乾豆（乾豆仁），烘烤25至30分鐘。

製作風味鮮奶油。把瑞可塔乳酪、杏香甜酒與糖，拌打成為柔滑鮮奶油。用打蛋器或手持式電動打蛋器拌打另一個沙拉盆裡十分冰涼的打發用鮮奶油，打成香堤伊奶油霜。

輕輕將香堤伊奶油霜拌入瑞可塔鮮奶油中。

把奶油霜裝填入小派模底層，並用抹刀抹平，冷藏3小時。
佐以糖漿與糖漬櫻桃一起享用。

II 不容錯過的料理 Les recettes INCONTOURNABLES

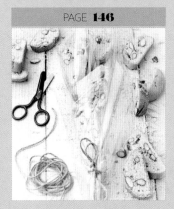

4人份

備料時間：35分鐘 ▎ 烹煮時間：15或20分鐘 ▎靜置時間：1小時30分鐘 ▎ 作法簡單 ▎ 食材費用經濟實惠

孜然百里香麵包脆棒

關鍵技巧：製作麵包脆棒

●

所需食材　　　　　　　必備廚具

關鍵技巧

麵粉 225 公克
鹽 7 公克
麵包用酵母粉 1 小包
溫水 135 c.c.
橄欖油 3 湯匙
孜然籽（小茴香籽）1 湯匙
百里香 2 小株

沙拉攪拌盆
烘培紙
料理刷

須知事項

義式料理餐廳的麵包籃裡幾乎通常都會擺著麵包脆棒，迎接客人的到來，讓客人在等待開胃菜（前菜）上桌前，能夠用來解饞。

另類料理點子

迷迭香麵包脆棒。
罌粟風味麵包脆棒。

製作麵團。攪拌大沙拉盆中的麵粉與鹽。挖個粉井。先將麵包用酵母粉溶解於溫水中，再連同橄欖油一起倒進粉井內。

陸續少量把麵粉撥進井中，用手（或攪拌機）加以揉麵。將麵團置於溫度略高、不通風處，靜置膨脹發麵１小時。

製作脆棒。把麵團切成小棍，置於撒上麵粉的工作台上，
滾成細長棒，將少許孜然籽與百里香葉撒在工作台面上，
滾動小麵棒，讓麵棒粘滿香草籽。

3

4

把麵棒放至鋪有烘焙紙的烤盤上，用料理刷沾取橄欖油加
以塗抹。以 200 ℃（電子烤箱刻度 6-7）預熱烤箱。

再次靜置發麵膨脹 30 分鐘，送入烤箱烘烤 15 至 20 分鐘。
冷食。

4人份

浸泡時間（前一晚）：12小時 ▍ 備料時間： 20分鐘 ▍ 烹煮時間：2小時35分 ▍ 作法簡單 ▍ 食材費用經濟實惠

綜合麵條

鷹嘴豆湯麵

關鍵技巧：乾豆的前置作業與烹煮

•

所需食材　　　　　　　　必備廚具

關鍵技巧

乾燥鷹嘴豆 260 公克	水果刀
食品級小蘇打粉 1 小撮	鑄鐵鍋
蒜瓣 2 瓣	
帕森塔培根薄片（pancetta）50 公克	
迷迭香 1 小株	

整道料理

綜合麵條 100 公克	水果刨刀或乳酪刨絲器
（家裡剩餘未用完且能以相同時間	
進行烹煮的各式乾麵條）	
橄欖油 2 湯匙	
現刨帕瑪森乳酪 40 公克	
鹽、現磨胡椒粉	

私房小秘訣

烹煮尾聲，再加鹽調味。
鹽巴會強化水中鈣質黏附於乾豆表皮的附著力，如
此一來，將會使豆子變硬，也會增長烹煮時間。

另類料理點子

鷹嘴豆鮮奶油醬。
鷹嘴豆蛤蠣湯。

鷹嘴豆的前置作業與烹煮。前一晚，將鷹嘴豆洗乾淨，連同小蘇打粉一起浸泡水中。瀝乾水分後，以流水沖洗乾淨。

剝除蒜皮，把蒜仁放入鑄鐵鍋中，以橄欖油略微香煎，勿使蒜仁上色。再放入帕森塔培根片，略煎至金黃。

放入迷迭香與鷹嘴豆，以冷水淹沒，用小滾火候掀蓋燉煮
2 小時 30 分。必要時可在熬煮過程中加水。

烹煮尾聲，再把綜合乾麵條倒入滾煮的高湯中，依照麵條
包裝上指示的時間進行烹煮。

用水果刨刀刨取帕瑪森乳酪片，取出迷迭香株，把湯麵倒
入深盤中，撒上帕瑪森乳酪片，熱呼呼或溫熱享用。

4人份

備料時間：30分鐘 **|** 烹煮時間：1小時 **|** 作法簡單 **|** 食材費用經濟實惠

焗烤千層香茄

關鍵技巧：**酥炸圓茄**

●

所需食材 | 必備廚具

關鍵技巧

酥炸油 500 c.c.
圓茄 2 顆
麵粉 100 公克
蛋 3 顆
鹽

油炸鍋或大平底湯鍋
水果刀

整道料理

蒜瓣 1 瓣
橄欖油 5 湯匙
蕃茄泥塊 600 公克
羅勒半把
莫札瑞拉乳酪 3 球
帕瑪森乳酪絲 100 公克
鹽、胡椒粉

水果刀
平底湯鍋
焗烤盤

須知事項

這道莫扎瑞拉與帕馬森雙乳酪香茄焗烤源自於南義，卻有著無數創新版本：有番茄版、無番茄版，有的純素，也有加肉的。
書中這道食譜是最經典的版本之一。

另類料理點子

焗烤千層麵。
焗烤千層櫛瓜。

製作蕃茄醬。剝除蒜皮，將蒜仁放入平底湯鍋中，以 2 湯匙橄欖油略微香煎，放入蕃茄泥塊與 8 片羅勒葉。熬煮 15 分鐘。加鹽與胡椒粉。

酥炸圓茄。加熱酥炸油。洗淨茄子，切成約 0.5 公分厚的圓片。

將圓茄片沾上麵粉，浸在已拌打均勻的蛋汁中，將茄片放入熱油裡，每4片為一批進行酥炸。當茄片變成金黃，即可撈起，置於廚用紙巾上滴除油份，撒上鹽巴。備用。

3

4

製作千層焗烤料理。以180℃（電子烤箱刻度6）預熱烤箱。將莫扎瑞拉乳酪切成小塊。在已抹好油的烤盤中，依序擺放一層蕃茄醬、一層酥炸茄片、些許莫扎瑞拉乳酪與帕瑪森乳酪絲。

重複上述疊層步驟，直到用完食材，最後一層鋪上莫扎瑞拉乳酪與帕瑪森乳酪絲。
送入烤箱烘烤30分鐘，趁熱享用。

4人份

備料時間：15分鐘 ┃ 烹煮時間：30分鐘 ┃靜置時間：30分鐘 ┃ 作法簡單 ┃ 食材費用經濟實惠

羅馬風味麵疙瘩

關鍵技巧：製作與烹煮麵疙瘩

●

所需食材	必備廚具

關鍵技巧

全脂鮮奶 1 公升	平底湯鍋
杜蘭小麥沙粒粉 300 公克	打蛋器
佩克里諾乳酪（pécorino）100 公克	烤模
奶油 100 公克	抹刀
肉豆蔻仁粉 2 小撮	直徑 3 至 4 公分的壓模器
百里香 2 小株	（或小玻璃杯）
鹽、現磨胡椒粉	烘培紙

私房小秘訣

用壓模器壓出不同造型的麵疙瘩，讓你的賓客開心一下。

須知事項

羅馬風味麵疙瘩與「經典款」麵疙瘩的相異處，除了麵疙瘩的形狀不同之外，其製作成分也不相同：羅馬風味麵疙瘩是以杜蘭小麥沙粒粉製成，而經典款麵疙瘩則是以小麥麵粉與馬鈴薯混製而成。

另類料理點子
豌豆仁麵疙瘩。
斯卡摩薩煙燻乳酪番茄麵疙瘩。

烹煮杜蘭小麥沙粒粉。加熱平底湯鍋中的牛奶，加鹽與胡椒粉。牛奶一滾，即以落雨方式撒入沙粒粉，並用打蛋器攪拌，避免結塊，拌煮 10 分鐘。

烹煮尾聲，加入半量的奶油、佩克里諾乳酪絲與肉豆蔻仁粉，攪拌均勻。

將沙粒麵糊倒入已鋪好保鮮膜的烤模中，達 1 公分厚度，再用抹刀抹平表面，靜置 30 分鐘降溫。

3

4

製作與烹煮麵疙瘩。以 200 ℃（電子烤箱刻度 6-7）預熱烤箱。用壓模器壓製出直徑 3 公分的小圓麵疙瘩。

將麵疙瘩放至已鋪好烘焙紙的淺烤盤上，撒上剩餘的奶油丁，烘烤 20 分鐘，以百里香裝飾，趁熱品嚐。

4人份

備料時間：30分鐘 ┃ 烹煮時間：40分鐘 ┃ 作法簡單 ┃ 食材費用經濟實惠

薄荷松子瑞可塔羊奶乳酪

櫛瓜盅

關鍵技巧：挖空圓櫛瓜、裝填內餡、烹煮櫛瓜

●

所需食材　　　　　　必備廚具

關鍵技巧

圓櫛瓜 4 顆	水果刀
	烤網

整道料理

油漬蕃茄乾 10 片	水果刀
薄荷 3 小株	廚用剪刀
松子 40 公克	不沾平底煎鍋
橄欖油 3 湯匙	焗烤盤
瑞可塔乳酪 300 公克	
帕瑪森乳酪絲 80 公克	
蛋 2 顆	
鹽漬檸檬 1 顆	
鹽、現磨胡椒粉	

成功要訣

若買不到圓形櫛瓜，也可使用長條形櫛瓜來製作此道料理。將櫛瓜縱向剖切，再用小湯匙挖空瓜肉與內籽。將餡料填入即可。

另類料理點子

鹽漬檸檬小牛肉櫛瓜盅。
波隆奈司風味帕馬森乳酪櫛瓜盅。

挖空櫛瓜。洗淨櫛瓜，切開蒂頭，用小湯匙挖出櫛瓜內部
瓜肉，將瓜肉切成小丁。

將已挖空的櫛瓜，放入大量沸騰鹽水中烹煮 2 分鐘，取出
後，馬上以冷水沖洗降溫。滴乾水分後，倒扣在烤網上，
讓所有水分流出。

製作餡料。滴乾油漬蕃茄的油脂，切成細塊，摘取薄荷葉片，加以細切。取一只平底煎鍋，烘焙翻炒松子。備用。

同一只煎鍋，以大火加熱 1 湯匙橄欖油，略微香煎櫛瓜丁。

3

4

將瑞可塔乳酪、帕瑪森乳酪、蛋、油漬蕃茄、松子、櫛瓜丁、鹽漬檸檬、薄荷葉加以攪拌，加鹽與胡椒粉，充分拌勻。

烹煮櫛瓜盅。以 180 ℃（電子烤箱刻度 6）預熱烤箱。將餡料填入櫛瓜內，蓋上櫛瓜蒂頭，淋上一縷橄欖油，放至焗烤盤上，入烤箱烘烤 30 分鐘，冷食或熱品兩相宜。

POUR 6 PERSONNES

備料時間： 30分鐘 ┃ 靜置時間： 1小時 ┃ 烹煮時間：50分鐘 ┃ 作法簡單 ┃ 食材費用經濟實惠

帕芙隆乳酪水田芥菜小鹹派

關鍵技巧： 製作帕芙隆乳酪風味基礎酥麵團

●

所需食材　　　　　　　　　　　　必備廚具

關鍵技巧

所需食材	必備廚具
麵粉 250 公克	擀麵棍
帕芙隆乳酪絲（provolone）60 公克	
鹽 1 小撮	
冰冷奶油 120 公克	
蛋黃 1 顆	
冰水 2 湯匙	

整道料理

所需食材	必備廚具
水田芥菜 1 把	小派模
鮮奶 300 c.c.	烘焙紙
液態鮮奶油 100 c.c.	打蛋器
蛋 3 顆	
瑞可塔乳酪 150 公克	
鹽、現磨胡椒粉	

菜色變化

可用帕馬森乳酪絲或佩克里諾乳酪絲取代帕芙隆乳酪絲。

另類料理點子

帕馬森乳酪蘑菇鹹派。
佩克里諾乳酪豌豆培根鹹派。

製作麵團。用指尖將麵粉、帕芙隆乳酪絲、鹽與軟奶油拌
勻，再用手搓揉所有食材，直到全部變成沙狀細粉。

加入蛋黃，慢慢少量加水，拌成球狀。用保鮮膜包裹麵團，
放入冰箱冷藏 1 小時。

烘烤麵皮。以180℃（電子烤箱刻度6）預熱烤箱。在工作台面上撒麵粉，將麵團擀成3公釐厚的麵皮，把麵皮放入烤模底部，用叉子在麵皮上戳孔。

鋪上烘焙紙，放入烘焙用乾豆（乾豆仁），入烤箱烘烤20分鐘。

3

4

製作鮮奶油醬。洗淨水田芥菜，擰乾水分，切除菜梗，備用。用打蛋器拌勻鮮奶、鮮奶油與蛋，加入瑞可塔乳酪後，加以調味。

將水田芥菜放至已烤好的派皮底部，淋上鮮奶油醬，烘烤30分鐘，炙熱或溫熱品嘗。

4人份

備料時間：20分鐘 ┃ 烹煮時間：10分鐘 ┃ 作法簡單 ┃ 食材費用經濟實惠

鹽漬檸檬
奧勒岡草肉丸子

關鍵技巧：製作肉丸子

●

所需食材 　　　　　　　　　 必備廚具

關鍵技巧

所需食材	必備廚具
鹽漬檸檬 1 顆	水果刀
奧勒岡乾草 2 茶匙	沙拉攪拌盆
土司麵包 100 公克	
鮮奶 5 湯匙	
牛絞肉 350 公克	
蛋 1 顆	
鹽、現磨胡椒粉	

整道料理

麵粉 80 公克	油炸鍋或大平底湯鍋
酥炸油 500 c.c.	廚用紙巾

建議事項

佐以美味的羅勒番茄沙拉（參見第20頁作法）一起享用。

另類料理點子

茄汁紅醬雞肉丸子。
羅勒檸香小牛肉丸子。

製作肉丸子。沖洗鹽漬檸檬，切成細塊。將土司片放入沙拉盆中，淋上鮮奶。

2

擰乾土司片，將土司片、牛絞肉、蛋、奧勒岡乾草以及檸檬細末一起攪拌成均勻的肉餡醬。

烹煮肉丸子。捏出直徑 2 公分的肉丸，讓肉丸在麵粉堆裡
滾動，裹上麵粉。

加熱酥炸油，將肉丸以每批 4 顆的量，放入酥炸油中酥炸
金黃。撈起後，放至廚用紙巾上滴乾油脂。撒上鹽，放涼
至溫熱再品嘗。

4人份

備料時間：30分鐘 **|** 烹煮時間：20至25分鐘 **|** 作法簡單 **|** 食材費用經濟實惠

培根蘑菇燉飯

關鍵技巧：熬煮燉飯

●

所需食材　　　　　　　　必備廚具

關鍵技巧

洋蔥半顆	平底湯鍋
亞伯希歐圓米（arborio）240 公克	湯杓
白酒 100 c.c.	
蔬菜高湯 800 c.c.	

整道料理

蒜瓣 1 瓣	水果刀
蘑菇 200 公克	平底煎鍋
橄欖油 2 湯匙	
奶油 50 公克	
現刨帕瑪森乳酪絲 150 公克	
煙燻培根薄片 100 公克	
鹽、現磨胡椒粉	

須知事項

烹煮燉飯的成功秘訣，在於一湯杓、一湯杓舀入高湯。需等米粒已完全吸收了前一湯杓所倒入的高湯，才能再倒入下一湯杓湯汁。因此，熬煮燉飯時，人需全程待在爐台旁待命！

另類料理點子

蘆筍燉飯。
南瓜燉飯。

蘑菇的前置作業。 剝除蒜皮，細切蒜仁。，迅速水洗蘑菇，切除菇腳，將菇傘切成 4 瓣。

加熱平底煎鍋裡的橄欖油，以大火香煎蘑菇。當蘑菇已完全釋出水分，加入 20 公克奶油，將蘑菇煎至金黃。加鹽，烹煮尾聲放入蒜末。備用。

熬煮燉飯。 剝除洋蔥皮，細切成蔥末。以平底湯鍋加熱剩餘的奶油，炒香洋蔥末 2 分鐘。

再放入米，不停翻炒 2 分鐘，讓米粒呈現珍珠光澤，需接近珠光，而非金黃色。

倒入白酒，當白酒完全熬煮蒸發，再舀入一湯杓的蔬菜高湯。當高湯已被米粒吸收，再加入另一杓高湯，重複舀湯步驟，並輕輕攪拌鍋中米粒，熬煮18分鐘。

熄火後，加入蘑菇與帕瑪森乳酪絲，輕輕拌勻，蓋上鍋蓋，燜2分鐘。把燉飯舀在深盤裡，以培根片裝飾，趁熱享用。

4人份

備料時間：30分鐘 | 烹煮時間：20分鐘 | 作法簡單 | 食材費用經濟實惠

酸豆葡萄乾與黑橄欖餡

烤沙丁魚

關鍵技巧：掏空新鮮沙丁魚內臟，將餡料填入沙丁魚腹

●

所需食材 　　　　　　　 必備廚具

關鍵技巧

新鮮沙丁魚 12 尾	水果刀
月桂葉 4 片	烤盤
橄欖油	
鹽、現磨胡椒粉	

整道料理

葡萄乾 60 公克	水果刀
去籽黑橄欖 60 公克	刨絲器
柳橙 2 顆	水果榨汁器
酸豆 1 湯匙	平底煎鍋
奧勒岡乾草 2 茶匙	
麵包粉 150 公克	
松子 60 公克	
紅糖 1 湯匙	

私房小秘訣 　　　　　　　　　　　　　**另類料理點子**

可先請魚販掏空沙丁魚內臟，以節省處理時間。　　薄荷與松子瑞可塔乳酪餡烤沙丁魚。
杏仁芫荽餡烤沙丁魚。

內餡的前製作業。將葡萄乾泡在熱水中，使其膨脹。將黑橄欖切成圓片。刨取橙皮絲，榨取橙汁。以流水沖洗酸豆。備用。

取一只平底煎鍋，以 2 湯匙橄欖油，將麵包粉炒得金黃。加入松子、橙絲、糖、已瀝乾水分的葡萄乾、橄欖片、酸豆與奧勒岡草。

最後再倒入半量的柳橙汁，關火。

沙丁魚的前置作業。將沙丁魚側腹剖開，清空內臟，以流水沖洗。放至廚房紙巾上滴乾水分，同時用紙巾吸乾魚腹內部水分。

以 180 ℃（電子烤箱刻度 6）預熱烤箱。將內餡食材裝填至沙丁魚腹內。把魚放在平盤上，淋上剩餘的柳橙汁，放入月桂葉，淋上一縷橄欖油。

撒鹽與胡椒粉，入烤箱烘烤 15 分鐘，用剩餘的奧勒岡草做盤飾，溫熱食用。

4人份

備料時間：20分鐘 ┃ 烹煮時間：10或15分鐘 ┃ 作法簡單 ┃ 食材費用經濟實惠

培根蛋奶白醬義大利麵

關鍵技巧：製作（正宗）的培根蛋奶白醬

●

所需食材　　　　　　　　　必備廚具

培根蛋奶白醬

帕森塔培根（pancetta）150 公克	平底煎鍋
橄欖油 1 湯匙	沙拉攪拌盆
蛋 5 顆	打蛋器
羅曼諾區產的佩克里諾乳酪絲	
（pecorino romano）100 公克	
帕瑪森乳酪絲 100 公克	
鹽、現磨胡椒粉	

整道料理

整道料理	
義大利乾麵條 400 公克	平底湯鍋
（寬麵、細扁麵，圖中以波浪麵示範）	篩網
粗鹽（每公升水需鹽 10 公克）	

建議事項

培根蛋奶白醬一向用臘肉丁烹煮而成，試試這道用
帕森塔培根來製作的白醬料理，美味多了喔！

另類料理點子

培根蛋奶白醬餡烤大貝殼麵。
培根蛋奶白醬花枝料理。

取平底煎鍋加熱橄欖油，香煸帕森塔培根片，各面均煎 1 分鐘。

製作蛋奶白醬。把蛋打進沙拉盆中，用打蛋器加以拌打，同時放入佩克里諾乳酪絲（需拌打成柔滑質地），撒入大量胡椒粉。

煮麵。將選用的麵條放入大量沸騰鹽水中，依照包裝上的指示時間加以烹煮。瀝乾麵條水分，保留 1 湯杓煮麵水備用。

把麵條倒入裝著蛋奶白醬的沙拉盆中，充分攪拌，讓麵條沾滿醬汁。加入 2 或 3 湯匙煮麵水，稀釋醬汁。

再次拌麵 30 秒，撒上帕瑪森乳酪絲，擺上帕根塔培根片，趁熱享用。

4人份

備料時間：20分鐘 | 烹煮時間：20至25鐘 | 作法簡單 | 食材費用經濟實惠

培根乳酪麵蛋餅

關鍵技巧：**製作麵餡蛋餅**

●

所需食材

必備廚具

關鍵技巧

乾麵條（serpentini 多旋彎管麵）200 公克
粗鹽（每公升水需鹽 10 公克）
無鹽奶油 50 公克（+10 公克塗抹烤模用）
蛋 5 顆
帕瑪森乳酪絲 70 公克
朗波豬肉薄片（lombo 豬肉乾）15 片
莫札瑞拉乳酪半顆
斯卡摩薩煙燻乳酪（scarmoza fumée）50 公克
麵包粉 2 湯匙
鹽、現磨胡椒粉

平底湯鍋
沙拉攪拌盆
烤盤

菜色變化

可依照你的口味，用帕芙隆乳酪取代斯卡摩薩乳
酪，用莎拉米臘腸或火腿取代朗波豬肉乾薄片。

另類料理點子

櫻桃番茄火腿麵蛋餅。
鹽漬檸檬沙丁魚麵蛋餅。

煮麵。煮滾一大鍋鹽水，依照包裝上的指示時間煮麵。瀝乾麵條水分後，加入 30 公克奶油攪拌。

準備〈內餡〉。將蛋與帕瑪森乳酪絲拌打成蛋汁，將朗波豬肉片切成長帶狀，把莫札瑞拉乳酪與斯卡摩薩乳酪切成小丁。

把麵條與帕瑪森乳酪蛋汁拌勻，將烤盤抹上奶油，撒上些許麵包粉。

3
4

以 180 ℃ （電子烤箱刻度 6）預熱烤箱。把麵條蛋汁倒入烤盤，放入朗波豬肉條、莫札瑞拉乳酪與斯卡摩薩乳酪，再撒上麵包粉，放入剩餘的奶油丁。

入烤箱烘烤 10 至 15 分鐘，烤出焗烤表層。趁熱享用。

4人份

備料時間： 30分鐘 ┃ 烹煮時間：30或35分鐘 ┃靜置時間： 30分鐘 ┃ 作法簡單 ┃ 食材費用經濟實惠

酥脆玉米糕佐
檸香小牛排

關鍵技巧：烹煮與酥炸玉米糕

●

所需食材

必備廚具

玉米糕

油漬蕃茄乾 50 公克
去籽黑橄欖 40 公克
鮮奶 750 c.c.
預煮過的黃玉米粉 150 公克
橄欖油 80 c.c.
鹽、現磨胡椒粉

水果刀
平底湯鍋
長方形烤模
保鮮膜
平底煎鍋

整道料理

極薄的小牛肉片 16 片
奶油 80 公克
檸檬汁 2 顆檸檬量

平底煎鍋

建議事項

可用雞肉薄片取代小牛肉片，讓這道料理更為平價。

另類料理點子

法國摩城芥末醬奶香玉米糕。
迷迭香酥炸玉米糕。

製作玉米糕。將油漬蕃茄乾切成小丁、橄欖切成圓片。加熱平底湯鍋中的鮮奶，加鹽與胡椒粉。

鮮奶一煮滾，以落雨方式撒入玉米粉，攪拌滾煮 3 分鐘。再放入蕃茄丁與橄欖圓片。

將玉米粉奶醬倒入已鋪好保鮮膜的烤盤中，達 2 公分厚度，抹平表面，靜置 30 分鐘降溫。

以 180 ℃（電子烤箱刻度 6）預熱烤箱。將玉米糕切成長
方形，以炙熱油鍋香煎各面金黃，再進烤箱烘烤 5 分鐘。

3

4

香煎肉片。用平底煎鍋融化半量奶油，當奶油產生細泡，
取 4 片小牛肉片放入鍋中，每面香煎 1 至 2 分鐘，起鍋後，
再放入下一批。

烹煮尾聲，再將肉片全部放入平底煎鍋中，以大火加熱，
擠入檸檬汁，溶煮巴鍋肉汁，再加入剩餘奶油，讓肉片沾
滿醬汁，佐以酥脆玉米糕，趁熱食用。

4人份

備料時間：35分鐘 ▎ 烹煮時間：35至40分鐘 ▎ 作法簡單 ▎ 食材費用經濟實惠

斯卡摩薩煙燻乳酪
酥炸豌豆仁燉飯球

關鍵技巧：製作與酥炸燉飯球

●

所需食材	必備廚具
關鍵技巧	
斯卡摩薩煙燻乳酪 60 公克	油炸鍋或大平底湯鍋
酥炸油 500 c.c.	廚用紙巾
麵粉 80 公克	
蛋 3 顆	
麵包粉 100 公克	
鹽	
整道料理	
洋蔥半顆	平底湯鍋
奶油 30 公克	木杓
亞伯希歐圓米（arborio）240 公克	
白酒 100 c.c.	
蔬菜高湯 800 c.c.	
冷凍豌豆仁 150 公克	
帕瑪森乳酪絲 80 公克	

美味小密技

在豌豆產季，用新鮮豌豆仁取代冷凍產品，會讓燉飯球更加美味。只是你得費點兒功夫剝除豌豆殼！

另類料理點子

酥炸什錦蔬菜鴨肉燉飯球。
酥炸綠蘆筍燉飯球。

依照第 110 頁作法，烹煮燉飯。用大量沸騰鹽水滾煮豌豆
仁 6 分鐘後，瀝乾水分。

將豌豆仁與帕瑪森乳酪絲拌入燉飯裡，拌勻後放涼。將斯
卡摩薩煙燻乳酪切成小丁。

製作燉飯球。將燉飯塑成球狀，在球中心挖小凹洞，塞入斯卡摩薩煙燻乳酪丁，再用米飯裹起小洞。

3

4

加熱酥炸油。讓飯球先裹上一層麵粉，再滾黏蛋汁，最後裹上一層麵包粉。一次 3 顆將燉飯球放進油鍋酥炸，每批約 3 分鐘（需將燉飯球炸至金黃酥脆）。

撈起後，置於廚用紙巾上滴乾油脂，撒鹽，趁熱享用。

4人份

備料時間：1小時30分或2小時 | 烹煮時間：14分鐘 | 靜置時間：30分鐘 | 作法簡單 | 食材費用經濟實惠

油漬甜椒
雞柳手工特飛麵

關鍵技巧：不用壓麵機，製作新鮮手工麵條

●

所需食材

必備廚具

關鍵技巧

麵粉 400 公克
蛋 4 顆
粗鹽（每公升水需鹽 10 公克）

保鮮膜
平底湯鍋

整道料理

雞胸肉 250 公克
油漬紅甜椒 3 顆（參考第 36 頁作法）
蒜苗 2 根
橄欖油 3 湯匙
鹽、現磨胡椒粉

水果刀
平底煎鍋

須知事項

特飛麵的製作時間蠻長的，但親手做，樂趣多！

另類料理點子

培根蛋奶白醬鳥巢寬麵。
茄汁紅醬餛飩麵。

製作麵團。將麵粉過篩，在麵粉堆中挖小井，把蛋打入粉井中，拌成均勻麵醬，必要時加點冷水。

需攪拌至均勻光滑，但不粘手。塑成球形，以保鮮膜包裹，靜置 30 分鐘。

1

2

製作特飛麵（Trofie）。先捏取直徑約 1 公分的小麵球，用手掌搓揉成兩端微尖的小麵棒，

再將小棒置於掌心，將一端斜向輕壓，「扭轉」麵條。

煮麵。特飛麵放入沸騰的大量鹽水中滾煮 6 至 8 分鐘,直到麵條浮出表面。瀝乾麵條水分,保持熱度備用。

3

4　5

烹煮肉條與蔬菜。利用煮麵空檔,把雞肉與甜椒切成長條狀。洗淨蒜苗,切成細末,以炙熱平底煎鍋香煎雞柳條 5 至 6 分鐘,煎至金黃。撒鹽與胡椒粉。

火候轉小,再加入甜椒條、蒜苗末以及瀝乾水分的麵條加以拌炒。趁熱享用。

4人份

備料時間：20分鐘 **|** 烹煮時間：30至35分鐘 **|** 作法簡單 **|** 食材費用經濟實惠

芝麻菜與櫻桃番茄筆尖麵佐
米蘭風味香酥小牛肋排

關鍵技巧：米蘭風味酥炸肉排

●

| 所需食材 | 必備廚具 |

關鍵技巧

小牛肋排 4 根	平底湯鍋
蛋 3 顆	大盆
麵包粉 150 公克	

整道料理

筆尖麵（penne）250 公克	炒鍋
粗鹽（每公升水需鹽 10 公克）	平底煎鍋
橄欖油 2 湯匙	
櫻桃番茄 250 公克	
芝麻菜 100 公克	
帕瑪森乳酪絲 40 公克	
奶油 50 公克	
檸檬 2 顆	
鹽、現磨胡椒粉	

菜色變化

你也可依循傳統作法，用小牛菲力肉片取代肋排。

另類料理點子

生火腿佐米蘭風味小牛排。
羅勒莫札瑞拉乳酪米蘭風味小牛排。

以大量沸騰鹽水依照包裝上的指示時間烹煮麵條（約 11
分鐘）。瀝乾麵條水分。

讓小牛肋排黏裹麵包粉。將大盆中的蛋打成蛋汁，加鹽與
胡椒粉。將小牛肋排放入蛋汁裡，再裹滿麵包粉。

用炒鍋加熱橄欖油，以中火輕輕翻炒番茄 10 分鐘，放入
芝麻菜與瀝乾水分的麵條。撒上帕瑪森乳酪絲。

3

4

用另一平底煎鍋加熱奶油至起泡，勿將奶油燒焦。將牛肋
排放入鍋中，一次 2 塊，每面香煎 4 分鐘。

再次略撒鹽與胡椒粉。把牛肋排置於廚房紙巾上滴乾油
脂。佐以檸檬瓣與芝麻菜番茄筆尖麵，趁熱品嘗。

4人份

備料時間：10分鐘 ┃ 烹煮時間：2分鐘 ┃ 靜置時間：2小時30分 ┃ 作法簡單 ┃ 食材費用經濟實惠

檸檬甜酒粗粒冰砂

關鍵技巧：製作粗粒冰砂

●

所需食材　　　　　　　必備廚具

關鍵技巧

水 400 公克	平底湯鍋
細砂糖 200 公克	刨絲器
黃檸檬 4 顆	水果榨汁器
檸檬利口酒（limoncello）2 湯匙	盤子
	保鮮膜

成功要訣

假如這道甜點是要給孩子們吃的，那就別加檸檬利口酒。

另類料理點子

紅漿果粗粒冰砂。
卡布其諾粗粒冰砂。

製作糖漿。把水與糖倒入平底湯鍋中煮滾，當糖完全溶解，即可關火。再倒入檸檬利口酒。

處理檸檬。洗淨檸檬，拭乾。用刨絲器刨取檸檬皮細絲，放置備用。榨取檸檬汁，取用 200 公克汁液（多餘汁液留做其他餐點）。

將檸檬汁與檸檬細絲倒入糖水鍋中拌勻。再將檸檬糖漿倒入大平盤裡，覆蓋保鮮膜，放進冷凍庫 1 小時。

用叉子刨刮表面，以破壞結冰晶體，再冷凍 1 個半小時。

3

4

再次攪拌粗粒冰沙，刨刮成略具慕絲的沙沙質地。冰涼享用。

4人份

備料時間：20分鐘 | 烹煮時間：40分鐘 | 作法簡單 | 食材費用經濟實惠

托斯卡尼風味杏仁餅

關鍵技巧：製作與捏塑麵團

●

所需食材   ## 必備廚具

關鍵技巧

整顆完整的杏仁 120 公克   刀子
蛋 3 顆   沙拉攪拌盆
細砂糖 170 公克   烘培紙
奶油 50 公克
橄欖油 100 公克
麵粉 450 公克
人工酵母 6 公克

成功要訣   **另類料理點子**

佐以咖啡品嘗杏仁餅，或是將餅乾浸入甜白酒裡，   糖漬橙片杏仁餅。
品嘗托斯卡尼當地的吃法。   百里香蜂蜜杏仁餅。

製作杏仁麵團。將全蛋與糖放入沙拉盆中，拌打成發白的
蛋汁。加入軟奶油、橄欖油與杏仁。

另取一只沙拉盆拌勻麵粉與酵母粉，再少量分批將酵母麵
粉倒入蛋汁盆中，加以拌和，直到均勻且柔軟的麵團成形。

以 180 ℃（電子烤箱刻度 6）預熱烤箱。在已撒麵粉的工作台上將麵團擀成長 20 公分、直徑 6 公分的圓麵棍，再將麵棍放至鋪好烘焙紙的烤盤上，入烤箱烘烤 25 分鐘。

3

4

出爐後，切成 2 公分厚的餅乾片，再放入已關火的烤箱中 15 分鐘，讓餅乾片變乾。放涼。

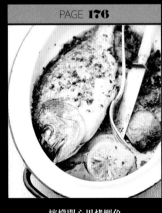

4人份

備料時間：30分鐘 ┃ 靜置時間：2小時30分 ┃ 烹煮時間：20分鐘 ┃ 作法簡單 ┃ 食材費用經濟實惠

迷迭香

油漬番茄乾佛卡夏

關鍵技巧：**製作佛卡夏麵團**

●

所需食材 　　　　　　 必備廚具

關鍵技巧

麵包用乾酵母 15 公克 　　　　　 攪拌機（可有可無）
中筋麵粉（T45 麵粉）500 公克 　　　 沙拉攪拌盆
糖 5 公克 　　　　　　　　　　 保鮮膜
細鹽 12 公克
橄欖油 2 湯匙
水 260 c.c.

整道料理

油漬番茄 150 公克 　　　　　　　 水果刀
迷迭香 1 小株
橄欖油 4 湯匙
鹽之花

須知事項

並非一定得用攪拌機來揉麵團，但若有攪拌機相
助，烹飪生活會變得簡單多了！

另類料理點子

黑橄欖佛卡夏。
迷迭香與茴香籽佛卡夏。

瀝乾油漬蕃茄，細切番茄。摘取迷迭香刺葉，切細。以
100 c.c. 溫水溶解酵母粉，靜置 10 分鐘。

製作麵團。拌勻大盆（或攪拌缸）裡的麵粉、糖與細鹽。

挖個小粉井，倒入 2 湯匙橄欖油、酵母水、蕃茄粒、迷迭
香細末與剩餘的水。

利用刮刀或攪拌機的勾子，拌打麵團 10 至 15 分鐘，直到麵團變得光滑均勻且不沾粘鍋壁。

將麵團塑成球狀，放入沙拉盆中，以廚用布覆蓋，置於溫度略高處，發麵 2 小時，麵團應膨脹 2 倍大。

3

4

用拳頭擠壓麵團，將空氣壓出。把麵團放至已撒麵粉的工作台面上，用手掌壓扁成 2 公分厚的麵皮，再放至鋪好烘焙紙的淺烤盤上。

用剩餘的橄欖油塗抹麵皮表面，撒鹽之花，再次發麵 30 分鐘。以 200 ℃（電子烤箱刻度 7）預熱烤箱。入烤箱烘烤 20 分鐘，溫熱食用。

4人份

備料時間：20分鐘 ┃ 冷凍時間：2小時 ┃ 作法簡單 ┃ 食材費用經濟實惠

芝麻菜青醬
生牛肉薄片

關鍵技巧：將肉切成薄片

●

所需食材　　　　　　必備廚具

關鍵技巧

（生食用）生牛肉菲力 500 公克　　　　保鮮膜
主廚刀（片肉刀）

青醬

芝麻菜 100 公克　　　　　　　　小型研磨機
蒜瓣 1 瓣
現磨帕瑪森乳酪粉 75 公克
松子 50 公克
橄欖油 100 c.c.
鹽、現磨胡椒粉

畫龍點睛用

新鮮帕瑪森乳酪 120 公克　　　　料理刷
芝麻菜 100 公克

成功要訣

選購含筋量最少的上等優質牛肉。

另類料理點子

帕馬森乳酪奶香生小牛肉薄片。
檸香風味油生牛肉薄片。

生牛肉薄片。用保鮮膜緊裹牛菲力。冷凍 2 小時，牛肉冷
凍變硬後，比較好切片。

從冷凍庫取出牛肉塊，用銳利的主廚刀切成極薄片。

製作青醬。依照第 24 頁作法，但用芝麻菜取代羅勒葉。

3

4

用刨刀刨取帕瑪森乳酪薄片。把生牛肉薄片擺入餐盤中。　　用料理刷沾取青醬，在牛肉片上塗上薄薄一層。再撒上芝麻菜與帕瑪森乳酪薄片。冰涼享用。

4人份

備料時間： 20分鐘 | 烹煮時間：15分鐘 | 作法簡單 | 食材費用經濟實惠

白酒蛤蠣細扁麵

關鍵技巧：烹煮蛤蠣

●

所需食材　　　　　　必備廚具

關鍵技巧

蛤蠣 800 公克　　　　　　　　　　　大容器（例如大盆子）
粗鹽（每公升水需粗鹽 10 公克）　　　　　水果刀
蒜瓣 2 瓣　　　　　　　絞肉（餡）機或壓蒜泥器
洋香菜半把　　　　　　　　　平底煎鍋
橄欖油 3 湯匙　　　　　　　篩網或細目篩網
白酒 200 c.c.
濃稠法式酸奶油（crème fraîche）3 湯匙
鹽、胡椒粉

整道料理

義式細扁麵（linguine）400 公克　　　　平底湯鍋數個
粗鹽（每公升水需粗鹽 10 公克）　　　　　篩網

成功要訣

在南法，蛤蠣稱之為「綴錦蛤」。
市場上全年有售。蛤蠣的最佳賞味期在春季。

另類料理點子

蒜香餡蛤蠣料理。
蛤蠣湯。

蛤蠣的前置作業。將蛤蠣浸泡在粗鹽冷水中，撥動攪拌蛤蠣後，靜置 10 分鐘，讓蛤蠣吐沙，再以冷水沖洗蛤蠣。

剝除蒜皮、去除蒜芽，切成細末，或是用壓蒜泥器壓成蒜泥。洗淨洋香菜，拭乾水分，加以細切，放置備用。

1

2

用一只大平底煎鍋以橄欖油香煎蛤蠣 1 分鐘，再放入蒜末充分翻炒。倒入白酒。

當蛤蠣殼開啟，即可關火（約需時 3 至 4 分鐘）。用細目篩網過濾蛤蠣湯汁。把湯汁倒入小平底湯鍋中煮滾。

湯汁熬煮濃縮後，再加入法式酸奶油，備用。

3

4

煮麵。將細扁麵放入沸騰的大量鹽水中，依照包裝上的指示時間加以烹煮。當麵條呈現有嚼勁的彈牙口感（al dente），即可瀝乾麵條水分，放入裝著蛤蠣的平底煎鍋中。

再將濃縮鮮奶油湯汁倒入煎鍋裡，以文火續煮 1 分鐘，撒上洋香菜末。趁熱品嘗。

4人份

備料時間：1小時 **|** 靜置時間：30分鐘 **|** 烹煮時間：1小時 **|** 作法簡單 **|** 食材費用經濟實惠

臘腸與瑞可塔乳酪

紅千層麵

關鍵技巧：替新鮮麵皮增添顏色 ● 用壓麵機製作麵皮

●

所需食材　　　　　　　　　　必備廚具

關鍵技巧

麵粉 300 公克	大沙拉攪拌盆
蛋 3 顆	壓麵機
濃縮蕃茄泥 1 湯匙	
橄欖油 1 湯匙	

整道料理

洋蔥 1 顆	水果刀
橄欖油 3 湯匙	平底湯鍋數個
臘腸內餡 350 公克	廚用布
白酒 100 c.c.	焗烤盤
罐裝蕃茄泥塊 800 公克	
迷迭香 1 根	
莫札瑞拉乳酪 1 球	
瑞可塔乳酪 300 公克	
現磨帕瑪森乳酪粉 80 公克	
鹽、現磨胡椒粉	

成功要訣

壓麵機壓落的剩餘麵皮，可用來製作麵條，例如鳥巢寬麵或細麵。以想要的切縫壓切麵片，切麵前，記得先將麵粉均勻撒在麵片上。

另類料理點子

波隆奈司風味綠千層麵。
瑞可塔奶油醬鮭魚墨魚千層麵。

製作紅色麵團。將麵粉過篩，挖小粉井，倒入已事先與濃縮番茄泥拌勻的蛋汁。拌和成均勻麵團。

必要時加點水。置室溫下 30 分鐘。

製作洋蔥臘腸肉餡。剝除洋蔥皮，切成細末。取平底湯鍋，用 2 湯匙橄欖油與一小撮鹽巴炒香洋蔥。當洋蔥炒至透明，加入臘腸肉餡，香煎肉餡略為金黃 3 至 4 分鐘。

然後倒入白酒，溶煮巴鍋的醬汁。熬煮至白酒蒸發成半量，倒入蕃茄泥塊與迷迭香，以文火熬煮 20 分鐘。

製作千層麵麵皮。用壓麵機製作麵皮：取一塊麵團，用手掌壓成片狀，略微撒上麵粉。把壓麵機刻度定位至0，將麵片放進機器中，扭轉壓麵機把手。

如同做千層酥派皮，將麵皮折成3折，再放進壓麵機中，以刻度0壓製2次，再陸續調低刻度，每個刻度壓製麵皮數次，每次壓麵前，需略撒上麵粉。

當千層麵麵皮已製成，再切成與餐盤長度等長的長條形。把麵片放入沸騰的大量鹽水中滾煮30秒，瀝乾麵條水分後，放至乾淨的廚用布上。

以180℃（電子烤箱刻度6）預熱烤箱。將莫札瑞拉乳酪切成小丁。把些許番茄臘肉餡放入已抹油的餐盤中，用新鮮千層麵皮覆蓋，再放入內餡，撒上些許莫札瑞拉乳酪，放入瑞可塔乳酪，重複上述層疊步驟，最後一層鋪上瑞可塔乳酪，再撒點帕瑪森乳酪粉。入烤箱烘烤25分鐘，熱熱享用。

4人份

備料時間：30分鐘 **|** 靜置時間：2小時 **|** 烹煮時間：10分鐘 **|** 作法簡單 **|** 食材費用經濟實惠

帕瑪火腿與芝麻菜佐

莫札瑞拉乳酪白披薩

關鍵技巧：製作披薩麵團

●

所需食材　　　　　　必備廚具

披薩麵團

麵包用酵母粉 2 小包	小碗
溫水 220 c.c.	沙拉攪拌盆
中筋麵粉（T45）400 公克	乾淨的廚用布
細鹽 6 公克	
糖 1 小撮	
特級冷壓初榨橄欖油 3 湯匙	

配菜

莫札瑞拉乳酪 1 大球（或 2 小球）	水果刀
帕瑪火腿 4 片	
芝麻菜 100 公克	
橄欖油 3 湯匙	
巴薩米克酒醋 1 湯匙	

成功要訣

披薩皮真的不難做。不過一定得預留時間讓麵團充
分發麵。當你學會手做披薩麵皮後，你再也不會想
買市售的現成麵皮了。

另類料理點子

瑪格麗特披薩。
斯卡摩薩乳酪火腿披薩餃。

製作披薩麵團。將酵母粉放入小碗，以溫水加以融化。把麵粉、鹽巴與糖倒入大盆中攪拌均勻。

挖小粉井，倒入酵母水與橄欖油，慢慢將麵粉撥入小井中拌和，緩緩揉麵。

1

2

用手掌滾動麵團，直到麵團不粘手（必要時撒些許麵粉）。把麵團塑成球狀，放在已撒麵粉的容器中，

覆蓋乾淨的廚用布，置於空氣不流通的溫熱處，發麵 2 小時。麵團需膨脹兩倍大。

增添披薩風味。以 250 ℃（電子烤箱刻度 8）預熱烤箱。工作台上撒麵粉，用拳頭壓扁麵團，藉此動作掰開麵團，再將麵團折回，直到麵團具柔軟彈性。

將麵團分成兩顆圓球，用拳頭壓扁麵球，均勻拍打表面，當麵球變平後，用雙手將麵皮拉展成圓盤狀，勿用力拉扯，需將麵皮撐起，均勻旋轉。

3

4

把莫札瑞拉乳酪切成片狀，放至披薩皮上，進烤箱烘烤 10 分鐘。

出爐後，淋上橄欖油與巴薩米克酒醋，擺上數片帕瑪火腿，撒上芝麻菜，趁熱享用。

4人份

備料時間： 25分鐘 ▎ 烹煮時間：1小時30分 ▎ 作法簡單 ▎ 食材費用經濟實惠

橄欖油漬兔肉

關鍵技巧：製作醃漬兔肉醬

●

所需食材　　　　　　　必備廚具

醃漬醬

蒜瓣 3 瓣	水果刀
洋香菜 3 小株	廣口玻璃瓶 + 瓶蓋
迷迭香 1 根	
橄欖油 300 c.c.	
胡椒粒 1 茶匙	

整道料理

洋蔥 1 顆	水果刨刀
紅蘿蔔 1 根	水果刀
西洋芹梗 1 根	平底湯鍋
百里香 1 根	
月桂葉 2 片	
切成塊狀的兔子 1 隻	
鹽巴	

成功要訣

佐以麵包與芝麻菜沙拉，冰冷享用。
置於冰箱冷藏，醃漬兔肉醬可存放1星期。

另類料理點子

香草風味油漬兔肉。
香烤蔬菜油漬兔肉。

烹煮兔肉與蔬菜。剝除洋蔥皮，刨除紅蘿蔔皮，剖切洋蔥。將紅蘿蔔與西洋芹梗切成圓片。

煮滾大量鹽水，將洋蔥、西洋芹、紅蘿蔔、百里香、月桂葉與兔肉塊放入鹽水中熬煮 1 小時 30 分。留置食材於湯汁中降至溫熱，將兔肉去骨、拉絲。

製作醃漬醬。剝除蒜皮、將蒜仁切成薄片。摘取洋香菜葉粗切，摘取迷迭香刺葉。

將些許橄欖油倒入廣口瓶中，放入一層兔肉絲、些許迷迭香葉、些許洋香菜末與胡椒粒，以油淹沒，重複上述疊層步驟，直到所有食材用完 。

用橄欖油完全淹沒食材，緊密蓋上廣口瓶。

4人份

備料時間：25分鐘 ┃ 烹煮時間：45分鐘 ┃ 作法簡單 ┃ 食材費用經濟實惠

檸檬開心果
烤鯛魚

關鍵技巧：用烤箱烤魚

●

所需食材　　　　　　　　必備廚具

關鍵技巧

| 已掏空內臟的鯛魚 900 公克 | 烤盤 |
| 橄欖油 4 湯匙 | |

整道料理

馬鈴薯 4 顆	水果刨刀
佩克里諾乳酪 50 公克	水果刀
黃檸檬 1 顆	乳酪刨絲器
洋香菜 5 小株	
蒜瓣 2 瓣	
無鹽去皮開心果 50 公克	

成功要訣

慎選鯛魚，先從確認新鮮度著手，確認魚是否有閃
亮的外觀、僵直的魚身、鱗片緊黏魚身。魚眼需發
亮且凸起。

另類料理點子

軟嫩茴香球莖烤鯉魚。
香烤蔬菜與　魚。

刨除馬鈴薯皮，切成圓片。刨取佩克里諾乳酪絲，將檸檬
切成圓薄片。

摘取洋香菜葉，切成細末。剝除蒜皮，用壓蒜泥器將蒜仁
壓成泥。拌勻洋香菜末與蒜泥。用刀子將開心果切成粗粒。

煮魚。把油倒入烤盤，將檸檬片與半量馬鈴薯片擺至盤底，
撒上佩克里諾乳酪絲與拌勻的洋香菜蒜泥。

以 180 ℃（電子烤箱刻度 6）預熱烤箱。把鯛魚放至蔬菜
上，用剩餘馬鈴薯片鋪滿盤面，撒開心果脆粒、淋橄欖油，
撒鹽與胡椒粉，入烤箱烘烤 45 分鐘。

4人份

備料時間：45分鐘 ┃ 靜置時間：20分鐘 ┃ 烹煮時間：10分鐘 ┃ 作法簡單 ┃ 食材費用經濟實惠

瑞可塔乳酪菠菜餃子

關鍵技巧：製作義式餃子

●

所需食材　　　　　　　　　必備廚具

餃子皮

麵粉 300 公克 + 塗抹模具用麵粉些許　　　　　　擀麵棍
蛋 3 顆　　　　　　　　　　　　　　鋸齒滾輪刀

餡料

蒜瓣 1 瓣
奶油 25 公克
生菠菜苗 400 公克
瑞可塔乳酪 150 公克
現磨帕瑪森乳酪粉 60 公克
鹽、胡椒粉

畫龍點睛用

橄欖油 3 湯匙　　　　　　　　　　　水果刀
羅勒 3 小株　　　　　　　　　　　　平底煎鍋

菜色變化

你也可以使用水餃模來製作餃子：先將麵粉撒在模
具上，再放上一張麵皮，然後把餡料放入模具凹
處，用小湯匙舀挖填滿內餡，再取一張麵皮加以覆
蓋。用小支擀麵棍，從中心位置開始擀壓整塊模
盤，將每顆餃子四周壓實封口。

另類料理點子

波隆奈司風味餃子。
瑞可塔乳酪羅勒油漬番茄餃子。

製作餃子皮。將麵粉過篩，挖小粉井，打蛋入井，將麵粉拌勻成麵團，必要時加點水，靜置室溫下 20 分鐘。

製作餡料。剝除蒜皮，剖切對半、去芽。以中火加熱平底煎鍋融化奶油，放入菠菜，用叉子叉住蒜仁，翻炒菠菜 5 分鐘。

將瑞可塔乳酪與帕瑪森乳酪絲放入菠菜裡，加以調味、充分拌勻。

製作餃子。擀平麵團，對切成兩塊長方形麵皮。在第一塊長麵皮上，擺上數湯匙內餡，每球內餡間隔 5 公分，用料理刷沾水，抹濕內餡周圍的麵皮。

把第二塊麵皮鋪在第一塊麵皮上，將麵皮壓實，擠出空氣，讓兩張麵皮緊密粘住，用鋸齒滾輪刀或刀子裁切餃子，麵皮邊緣與內餡相距 1.5 公分。

3

4

煮餃子。將餃子放大量鹽水中滾煮 4 至 5 分鐘，一次放入 4 顆，以免餃子互相沾黏。

瀝乾餃子水分後，用橄欖油拌勻，以羅勒葉裝飾。熱呼呼享用。

4人份

備料時間：30分鐘 ▎ 烹煮時間：30至35分鐘 ▎ 作法簡單 ▎ 食材費用經濟實惠

橄欖油馬鈴薯碎塊佐

羅馬風味牛肉捲

關鍵技巧：捲製與烹煮小牛肉捲

●

所需食材　　　　　　　　必備廚具

關鍵技巧

莫札瑞拉乳酪 1 球	擀麵棍
小牛肉片 4 片	竹籤
帕森塔培根 8 片	平底煎鍋
鼠尾草半把	
橄欖油 2 湯匙	
白酒 100 c.c.	
鹽、胡椒粉	

整道料理

馬鈴薯 600 公克	平底湯鍋
黃檸檬 1 顆	水果榨汁器
橄欖油 40 c.c.	水果刀
粗鹽（每公升水需粗鹽 10 公克）	壓泥器（可有可無）

菜色變化

可用雞肉薄片來製作這道料理。

另類料理點子

斯卡摩薩乳酪生火腿牛肉捲。
羅勒番茄醬牛肉捲。

製作馬鈴薯碎塊。 把帶皮馬鈴薯放入一湯鍋的冷鹽水中烹煮 25 至 30 分鐘。榨取檸檬汁，將檸檬汁與橄欖油拌勻。

剝除馬鈴薯皮，用叉子（或壓泥器）壓碎馬鈴薯，倒入檸香橄欖油，充分拌勻，保持熱度備用。

製作肉捲。將莫札瑞拉乳酪切成小棒狀。把小牛肉片攤平，用擀麵棍壓薄，縱向切成兩半。

在工作台面上放一片帕森塔培根，再疊上半片小牛肉片，中央位置擺放一根莫札瑞拉乳酪棒與一片鼠尾草，捲起肉捲，插上竹籤定型。

3

4

烹煮肉捲。以平底煎鍋加熱橄欖油。熱鍋後香煎肉捲各面，將火侯轉小，續煎 4 至 5 分鐘。撒鹽與胡椒粉。

將肉捲起鍋，保持熱度備用。將白酒倒入平底煎鍋，溶煮巴鍋肉汁。將熬煮濃縮肉汁淋在肉捲上，佐以馬鈴薯碎塊，趁熱享用。

4人份

備料時間：25分鐘 ┃ 烹煮時間：15分鐘 ┃ 作法簡單 ┃ 食材費用經濟實惠

羅馬風味酥炸小卷

關鍵技巧：處理與酥炸小卷

●

所需食材　　　　　必備廚具

關鍵技巧

所需食材	必備廚具
12 至 14 公分新鮮或	廚用紙巾
冷凍小卷 500 公克	深盤
麵粉 120 公克	篩網
鹽 2 茶匙	油炸鍋或大平底湯鍋
現磨胡椒粉 3 圈	
酥炸油 800 c.c.	

檸香美乃滋醬

檸檬 1 顆	水果刀
蛋黃 1 顆	刨絲器
嗆味法式黃芥末醬 1 茶匙	水果榨汁器
蔬菜油 150 c.c.	打蛋器
鹽、現磨胡椒粉	

菜色變化

你可用花枝或章魚來取代小卷。

另類料理點子

羅馬風味酥炸透抽。
辣蒜芹油醋風味酥炸小卷。

製作美乃滋。 將檸檬皮刨成細絲。榨取檸檬汁。將蛋黃與芥末醬倒入沙拉盆中，陸續倒入少量橄欖油，用打蛋器加以拌打。

持續倒油，直到油用完。當美乃滋醬已變濃稠，加入檸檬汁與檸檬皮細末拌和，加鹽與胡椒粉。放進冰箱冷藏，直到料理完畢。

小卷的前置作業。 以冷水沖洗小卷，切成 1.5 公分環狀，置於乾淨的廚用布上，不須完全拭乾水分。

把鹽、胡椒粉與麵粉放至深盤中拌勻。把小卷圈放入盤中，
裹上麵粉，再置於篩網上，甩除多餘麵粉。

3

4

酥炸小卷。中火熱油，分成數批酥炸小卷 2 或 3 分鐘。把
小卷置於廚用紙巾上，滴乾油脂。

加以調味，佐以香檸美乃滋醬，趁熱享用。

4人份

備料時間：40分鐘 ┃ 烹煮時間：2小時5分鐘┃ 作法簡單 ┃ 食材費用經濟實惠

三味醬燉小牛膝肉

關鍵技巧：製作義式三味醬

●

所需食材	必備廚具

義式三味醬

檸檬半顆	水果刀
洋香菜半把	刨絲器
蒜瓣 1 瓣	絞肉（餡）機

配菜

紅蘿蔔 1 根	水果刨刀
西洋芹梗 1 根	刀子
洋蔥 1 顆	壓蒜泥器（可有可無）
蒜瓣 4 瓣	

肉塊與醬汁

麵粉 40 公克	鑄鐵鍋
燉煮用（約 4 公分厚的）小牛膝肉 4 片	
橄欖油 2 湯匙	
不甜白酒 200 c.c.	
柳橙 1 顆	
濃縮番茄泥 1 湯匙	
番茄泥塊 400 公克	
迷迭香 1 小株	
百里香 2 小株	
小牛湯底（或其他肉類湯底）500c.c.	
鹽、現磨胡椒粉	

另類料理點子

榛果風味三味醬。

檸香三味醬蘆筍。

配菜的前置作業。刨除紅蘿蔔及西洋芹梗外皮，切成圓薄片。剝除洋蔥皮、切洋蔥薄片。剝除蒜皮，用壓蒜泥器或刀背壓扁蒜仁。

榨取柳橙汁，刨取橙皮絲，放置備用。
將肉塊沾上麵粉。

烹煮肉塊。用鑄鐵鍋熱油，放入牛膝肉塊，香煎各面上色後起鍋，倒出鑄鐵鍋裡的油脂，無須洗鍋，放入配菜。

以文火煎炒配菜 3 至 4 分鐘，再把肉塊放入，倒入白酒，熬煮至湯汁剩 3/4 量。

製作醬汁。倒入橙汁、濃縮番茄泥、番茄泥塊、百里香與迷迭香，倒入小牛湯底，以文火燉煮 2 小時。

必要時可在烹煮過程中加水，以維持湯汁高度。

3

4

製作義式三味醬。刨取檸檬皮絲。洗淨洋香菜，摘取葉片切成細末。剝除蒜皮，細切成蒜末，拌勻所有食材，備用。

將橙皮絲放入鑄鐵鍋，必要時調味。將新鮮百里香與三味醬撒至小牛膝肉上，趁熱享用。

4人份

備料時間： 1小時 ┃ 烹煮時間：20分鐘 ┃ 靜置時間： 20分鐘 ┃ 作法簡單 ┃ 食材費用經濟實惠

勁辣茄汁貓耳朵

關鍵技巧：製作貓耳朵麵

●

所需食材　　　　　　　　必備廚具

關鍵技巧

麵粉 400 公克　　　　　　　　　保鮮膜
蛋 4 顆　　　　　　　　　　刀子
粗鹽（每公升水需粗鹽 10 公克）

整道料理

極熟的番茄或（罐裝蕃茄泥塊）400 公克　　　　平底湯鍋
蒜瓣 1 瓣　　　　　　　　　水果刀
紅辣椒（安地烈司品種辣椒）1 根　　　絞肉（餡）機
洋香菜葉 20 片　　　　　　　平底煎鍋
橄欖油 3 湯匙
佩克里諾乳酪絲 50 公克
鹽、現磨胡椒粉

私房小秘訣

將麵棍放入冷凍庫冷凍30分鐘，更容易切出麵片。

另類料理點子

羅勒青醬貓耳朵。
戈爾根左拉藍紋乳酪（gorgonzola）
白醬貓耳朵。

製作貓耳朵麵片。依照第 134 頁製作特飛麵的方式製作麵團。捏取 100 公克麵團，滾成 2 公分直徑麵棍，用刀切成小圓片。

把圓麵片置於掌心，用大拇指壓扁。重複上述步驟，直到麵團用完。將貓耳朵麵片置於撒了麵粉的工作台面上 20 分鐘，讓麵片變乾。

製作醬汁。燙除番茄皮（參見第 22 頁作法）剝皮、去籽、切成塊狀。剝除蒜皮、去蒜芽、切成薄片。

剖切辣椒、去籽。摘取洋香菜葉，切成細末。保留備用。

取平底煎鍋，以中火加熱橄欖油，香炒蒜末，放入番茄與
辣椒，加鹽與些許胡椒粉，烹煮15分鐘。

3

4

煮麵。將貓耳朵麵片放入大量的滾燙鹽水中約3分鐘，瀝
乾麵片水分後，與醬汁拌勻，加入洋香菜末，佐以佩克里
諾乳酪絲趁熱享用。

4人份

備料時間：35分鐘 ┃ 烹煮時間：1小時 ┃ 靜置時間：2小時 ┃ 作法簡單 ┃ 食材費用經濟實惠

雙魚風味白醬小牛里肌

關鍵技巧：製作鮪魚與鯷魚美乃滋醬

●

所需食材　　　　　　　　必備廚具

鮪魚美乃滋醬

酸豆 1 湯匙	水果刀
油漬鮪魚 1 罐（約 140 公克）	小型研磨機
鯷魚 6 尾	
蒜瓣 2 瓣	
蛋黃 1 顆	
法式黃芥末醬 1 湯匙	
蔬菜油（菜籽油或葡萄籽油）200 c.c.	
巴薩米克白酒醋些許	
鹽、現磨胡椒粉	

整道料理

西洋芹梗 1 根	水果刨刀
洋蔥 1 顆	水果刀
小牛前里肌肉 1 塊（約 600 公克）	鑄鐵鍋
白酒 500 c.c.	
月桂葉 1 片	
百里香 1 根	
粗鹽、胡椒粒	

另類料理點子
鮪魚醬生牛肉薄片。
酸豆鮪魚醬麵條沙拉。

蔬菜的前置作業。 洗淨紅蘿蔔與西洋芹梗，刨除外皮，切成大段塊。剝除洋蔥皮，切成薄片。

烹煮肉塊。 將小牛前里肌放入鑄鐵鍋中，倒入白酒與些許的水，湯汁需達肉塊半高處，即整塊肉塊需有一半浸在湯汁內。

放入蔬菜、月桂葉、百里香、1大撮粗鹽與1茶匙胡椒粒。蓋上鍋蓋，以文火熬煮1小時後，靜置降溫2小時。

製作鮪魚醬。水洗酸豆。瀝乾鮪魚與鯷魚。剝除蒜皮、去蒜芽。將全部食材放入研磨機一起研磨，放置備用。把蛋黃與黃芥末醬拌打成美乃滋，一邊拌打，一邊持續少量加油。

3

4

把雙魚餡料拌入美乃滋裡，倒入一縷酒醋，充分拌勻。若醬汁太過濃稠，可加入些許冷的煮肉湯。

當肉塊變涼，即可切成極薄片，把肉片放入餐盤，淋上醬汁，馬上品嘗。

4人份

備料時間：30分鐘 **|** 烹煮時間：5至10分鐘 **|** 冷凍時間：6小時 **|** 作法簡單 **|** 食材費用經濟實惠

冷霜雪糕

關鍵技巧：製作沙巴雍醬

●

所需食材　　　　　　　　　必備廚具

關鍵技巧

蛋黃 4 顆	沙拉攪拌盆
糖 80 公克	打蛋器
義大利馬莎拉白葡萄酒（marsala）150 c.c.	平底湯鍋數個
	烤模

整道料理

牛軋糖 200 公克	水果刀
糕點用黑巧克力 100 公克	手持式電動打蛋器
極冰涼的打發用鮮奶油（crème fleurette）500 c.c.	刮刀（抹刀）
	保鮮膜

成功要訣

以隔水加熱方式增加沙巴雍醬溫度時，需非常溫和緩慢，以免蛋凝結成炒蛋。

另類料理點子

咖啡冷霜雪糕。
紅漿果冷霜雪糕。

製作沙巴雍醬。拌打沙拉盆中的糖、蛋黃與馬莎拉白酒，當食材已產生微泡，將沙拉盆置於裝有微滾熱水的平底湯鍋上（隔水加熱）。

不停拌打，直到食材略具慕絲般質地（約需時5分鐘）。靜置降溫。

處理其他步驟。用水果刀將牛軋糖與巧克力切成細塊，把鮮奶油拌打成柔軟的香堤伊霜。

由上往下、以打圓的方式用刮刀將香堤伊奶油霜拌入已降溫的沙巴雍醬中。

3

4

將 1/3 份量的牛軋糖與巧克力細塊，倒入已鋪好保鮮膜的烤模底部，再倒入 1/3 份量的鮮奶油醬加以覆蓋，重複 2 次層疊步驟後，放入冷凍庫冷凍 6 小時。將雪糕脫模，冰涼享用。

4人份

備料時間：40分鐘 ▌（香堤伊奶油霜）冷凍時間：1小時 ▌ 烹煮時間：10至15分鐘 ▌
（餅乾）靜置時間：30分鐘 ▌ 作法簡單 ▌ 食材費用經濟實惠

馬卡龍球佐
香草馬斯卡朋乳酪水蜜桃

關鍵技巧：製作義式馬卡龍

●

所需食材 　　　　　　　 必備廚具

義式馬卡龍球

細砂糖 180 公克	沙拉攪拌盆
杏仁粉 150 公克	烘培紙
蛋白 2 顆	
苦杏仁香精 2 茶匙	
糖粉 30 公克	

整道料理

香草莢 1 根	水果刀
馬斯卡朋乳酪 100 公克	奶油槍 + 氣彈數顆
液態鮮奶油 100 c.c.	焗烤盤
糖粉 35 公克	
水蜜桃 4 顆	
蜂蜜 2 湯匙	
奶油 40 公克	

成功要訣

假如沒有奶油槍，也可用手持式電動打蛋器打出香堤伊奶油霜，不過得多費點兒功夫，事先將打蛋器拌打棒與沙拉盆放入冰箱冷藏後再拌打。

另類料理點子

義式馬卡龍提拉米蘇。
橙花風味義式馬卡龍球。

製作香草風味香堤伊奶油霜。剖切香草莢，用刀尖刮取莢內香草籽。拌勻馬斯卡朋乳酪、鮮奶油、糖粉與香草籽。

將乳酪奶油醬填入奶油槍裡，裝上氣彈，放入冰箱冷藏 1 小時。

製作馬卡龍球。用木杓充分拌勻沙拉盆中的細砂糖、杏仁粉、蛋白與苦杏仁香精。

用雙掌將麵團搓成小球（雙手略沾水，以免麵團黏手）。

烘焙馬卡龍球。將麵球放至已鋪烘焙紙的淺烤盤上，靜置 30 分鐘，讓麵球變乾。

以 180 ℃（電子烤箱刻度 6）預熱烤箱。把糖粉撒在馬卡龍球上。依照球體大小，烘烤 10 至 15 分鐘。

將水蜜桃剖切兩半，去籽。把水蜜桃放至烤盤上，淋上蜂蜜，撒上奶油丁，送入烤箱烘烤 10 分鐘。

將香草風味馬斯卡朋乳酪慕絲擠在水蜜桃上，再放上一顆馬卡龍球。也可將馬卡龍球打碎，將碎塊撒在水蜜桃上。溫熱或冰冷享用。

4人份

備料時間：30分鐘 ▎ 靜置時間：3小時 ▎ 作法簡單 ▎ 食材費用經濟實惠

提拉米蘇

關鍵技巧：製作馬斯卡朋乳酪鮮奶油

●

所需食材　　　　　　　　　　必備廚具

馬斯卡朋乳酪鮮奶油

所需食材	必備廚具
蛋 3 顆	沙拉攪拌盆
細砂糖 50 公克	手持式電動打蛋器
馬斯卡朋乳酪 250 公克	

整道料理

所需食材	必備廚具
鹽 1 小撮	沙拉攪拌盆
手指餅乾 3 至 4 小包	手持式電動攪拌器
即溶咖啡 5 杯	刮刀（抹刀）
苦可可粉 2 湯匙	深盤
	小篩網

成功要訣

將手指餅乾浸入咖啡的動作需非常迅速，否則餅乾
將會在冷凍過程中釋出過多的水分。

另類料理點子

覆盆子提拉米蘇。
馬卡龍球佐水蜜桃提拉米蘇。

製作鮮奶油醬。分離蛋白與蛋黃。把蛋黃與糖放入沙拉盆中，用手持式電動打蛋器將甜蛋汁打白，呈現滑順的濃稠質地。

加入馬斯卡朋乳酪，再次拌打成紮實且均勻的質地，放入冰箱冷藏。繼續其他步驟。

取另一只沙拉盆，放入蛋白，加 1 小撮鹽，把蛋白打發成雪霜。從冰箱取出蛋黃醬，用刮刀把蛋白霜拌入馬斯卡朋乳酪甜蛋黃醬裡。

3

4

舀 2 湯匙馬斯卡朋鮮奶油，平鋪深盤底層。將手指餅乾浸入咖啡裡，再將手指餅乾放至鮮奶油層上。再覆蓋一層馬斯卡朋鮮奶油，再放上餅乾。

重複一次上述疊層步驟。最後一層以馬斯卡朋鮮奶油霜覆蓋。放入冰箱冷藏 3 小時。品嘗前，用小篩網直接將可可粉過篩至糕點上。

計量對應表

計量備忘錄：
就算沒有磅秤，一樣能精準測定食材的份量

食材	1茶匙	1湯匙	芥末醬杯1杯
奶油	7公克	20公克	
可可粉	5公克	10公克	90公克
濃稠鮮奶油	15 c.c.	40 c.c.	200 c.c.
液態鮮奶油	7 c.c.	20 c.c.	200 c.c.
麵粉	3公克	10公克	100公克
葛律耶爾乳酪絲	4公克	12公克	65公克
各式液體（水、油、醋、酒）	7 c.c.	20 c.c.	200 c.c.
玉米粉	3公克	10公克	100公克
杏仁粉	6公克	15公克	75公克
葡萄乾	8公克	30公克	110公克
米	7公克	20公克	150公克
鹽	5公克	15公克	
北非粗粒小麥粉、北非庫司小米	5公克	15公克	150公克
細砂糖	5公克	15公克	150公克
糖粉	3公克	10公克	110公克
糖粉	3公克	10公克	110公克

液態食材計量便利貼

烈酒酒杯1杯 = 30 c.c.　　　芥末醬杯1杯 = 200 c.c.　　　碗1碗 = 350 c.c.

咖啡杯1杯 = 80至100 c.c.　　馬克杯1杯 = 300 c.c.

烤箱精準定溫

須知事項

1顆蛋 = 50 公克

1小球奶油 = 5公克

1球奶油 =15至20公克

溫度（℃）	電子烤箱刻度
30	1
60	2
90	3
120	4
150	5
180	6
210	7
240	8
270	9

關鍵技巧索引

麵食

蔬菜

米飯與配菜

醬汁與調味

關鍵技巧索引

肉類

魚類

甜點

法國饗宴的閱讀提案

道地的法國美食不假外求，遵照大師們的料理步驟
在家也能輕鬆做出令人激賞的經典菜色！

在家親手做鑄鐵鍋料理
COCOTTES & mijotés

史蒂梵・拉戮思 Stéphan Lagorce——著
李雪玲——譯

最懂得使用鑄鐵鍋的法國人
教你製作原汁原味的法國家庭料理

在法國，鑄鐵鍋是幾乎家家戶戶必備的廚房道具，甚至有婆婆將自己的鍋具致贈給媳婦、女兒繼承母親甚至祖母老鍋具的習慣。在這本書中，收錄了多達75道做法簡單、在法國當地家喻戶曉的傳統美食，如：燉雞湯、燴羊肉、煨甘藍菜等。若你希望在法式料理之外融入個人獨特風格，那麼在「異國風味佳餚」和「別出心裁的新鮮料理」兩章中，讀者將可驚艷發掘到諸如：炖淡菜、蛤蜊或蜜汁胡蘿蔔等菜色。為了讓你輕鬆完成所有這些食譜，本書一開頭即以圖解授予眾多技巧的說明和介紹。

在家親手做法式醬料
SAUCES, chutney & marinades

湯瑪斯・費勒 Thomas Feller——著
蘇瑩文——譯

法式料理的精隨所在
足以決定風味好壞的重要關鍵
完整提供100個專家級
冷盤、熟食醬汁配方、作法及使用訣竅

從伯那西醬、美乃滋、無花果甜酸醬、椰漿綠檸檬調味醬一路介紹到巧克力醬，本書囊括了85道佐餐及調味醬汁的作法，以及製作高湯及冷熱醬汁的操作技巧。食譜中提供的每個訣竅和建議，都可以幫助您驕傲地宣告：「這道醬汁是我的傑作！」
醬汁，是法式料理的精隨。自己下廚不但能讓您和親友分享健康又均衡的佳餚，更能確保風味、價格和材料的來源，讓品質與生活樂趣完美結合！

MASTER 15

向大廚學習 製作義式經典料理

50招關鍵技巧╳50道專業級料理

讓您循序漸進 精進廚藝

Classiques italiens: premiers pas

作者——梅蘭妮‧馬丹 Mélanie Martin
攝影——茱莉‧梅查麗 Julie Méchali
造型設計—梅拉妮‧馬丹 Mélanie Martin
譯者——林雅芬
總編輯——郭昕詠
編輯——王凱林、徐昉驊、賴虹伶、陳柔君
通路行銷—何冠龍
封面設計—霧室
排版——健呈電腦排版股份有限公司

社長——郭重興
發行人兼
出版總監—曾大福

出版者——遠足文化事業股份有限公司
地址——231 新北市新店區民權路 108-2 號 9 樓
電話——(02)2218-1417
傳真——(02)2218-1142
電郵——service@bookrep.com.tw
郵撥帳號—19504465
客服專線—0800-221-029
部落格——http://777walkers.blogspot.com/
網址——http://www.bookrep.com.tw
法律顧問—華洋法律事務所 蘇文生律師
印製——成陽印刷股份有限公司
電話——(02)2265-1491

初版一刷 西元 2016 年 6 月
Printed in Taiwan
有著作權 侵害必究

國家圖書館出版品預行編目 (CIP) 資料

向大廚學習 製作義式經典料理：50 招關鍵技巧╳50 道專業級料
理 讓您循序漸進 精進廚藝 / 梅蘭妮‧馬丹 (Mélanie Martin)
作；林雅芬譯‧ ——初版‧ ——新北市：遠足文化，2016.06——
(Master；15) 譯自：Classiques italiens：premiers pas
ISBN 978-986-93230-7-9(精裝)
1. 食譜 2. 義大利

427.12   105008941